공룡이
사라진 자리에
주유소가
생겼다

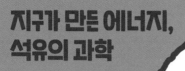

지구가 만든 에너지,
석유의 과학

공룡이 사라진 자리에 주유소가 생겼다

이상헌 지음

**Gas Stations
take the place
where Dinosaurs
lived in**

이케이북

이 책의 구성

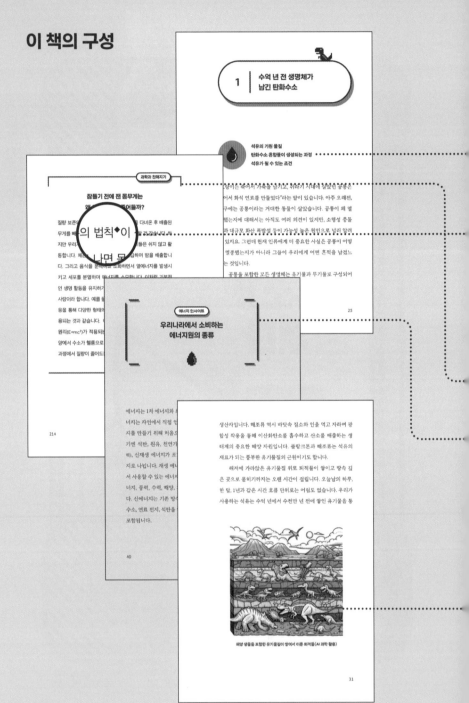

1 수억 년 전 생명체가
남긴 탄화수소

석유의 기원 물질
탄화수소 혼합물이 생성되는 과정
석유가 될 수 있는 조건

[과학과 친해지기]

잠들기 전에 잰 몸무게는
왜 ○○○○○○○○○어까?

질량 보존○○○○○○○○ 다녀온 후 배출된
무게를 배○○ 의 법칙◆이 ○○ 21같습니다. 하
지만 우리○○○○○○○ 조금은 쉬지 않고 활
동합니다. 체○○ ○나면 되 집하며 땀을 배출합니
다. 그리고 음식을 분해○○ 소화하면서 열에너지를 발생시
키고 세포를 분열하여 에너지를 소모합니다. 이처럼 기본적
언 생명 활동을 유지하○○ ○○ ○○
사람이라 합니다. 예를 들○○ ○○ ○○
응을 통해 다양한 형태의 ○○ ○○
용되는 것과 같습니다. ○○ ○○
원리($E=mc^2$)가 적용된○○ ○○
양에서 수소가 헬륨으로 ○○
과정에서 질량이 줄어드○○

214

○남이든 죽어서 '가축을 덮치고, 취하기 치태에 달았던 공룡은
○어서 화석 연료를 만들었다"라는 말이 있습니다. 아주 오래전,
○구에는 공룡이라는 거대한 동물이 살았습니다. 공룡이 왜 멸
○했는지에 대해서는 아직도 여러 의견이 있지만, 소행성 충돌
○과 대규모 화산 폭발설 등이 가능성 높은 원인으로 널리 알려
○ 있지요. 그런데 현재 인류에게 더 중요한 사실은 공룡이 어떻
○ 멸종됐는지가 아니라 그들이 우리에게 어떤 흔적을 남겼느
○는 것입니다.
○공룡을 포함한 모든 생명체는 유기물과 무기물로 구성되어

25

[에너지 인사이트]

우리나라에서 소비하는
에너지원의 종류

에너지는 1차 에너지와 ○
너지는 자연에 직접 언○
지를 만들기 위해 처음으로○
기엔 석탄, 원유, 천연가○
석), 신재생 에너지가 포○
지로 나뉩니다. 재생 에너○
서 사용할 수 있는 에너지○
너지, 풍력, 수력, 해양, ○
다. 신에너지는 기존 방식○
수소, 연료 전지, 석탄을 액○
포함됩니다.

40

생산자입니다. 해조류 역시 바닷속 질소와 인을 먹고 자라며 광
합성 작용을 통해 이산화탄소를 흡수하고 산소를 배출하는 생
태계의 중요한 해양 자원입니다. 플랑크톤과 해조류는 석유의
재료가 되는 풍부한 유기물질의 근원이기도 합니다.
　레저에 가라앉은 유기물질 위로 퇴적물이 쌓이고 땅속 깊
은 곳으로 묻히기까지는 오랜 시간이 걸립니다. 오늘날의 하루,
한 달, 1년과 같은 시간 흐름 단위로는 어림도 없습니다. 우리가
사용하는 석유는 수억 년에서 수천만 년 전에 쌓인 유기물을 통

해양 생물을 포함한 유기물질이 쌓여서 이룬 퇴적물(AI 과학 활용)

31

4

❶ 과학 안에서 석유 에너지 공부하기

· **1~4부** 생명과학·지구과학·화학·물리학의 관점에서 물질을 분석해요.

· **1~9장** 물질과 규칙성, 시스템과 상호작용, 변화와 다양성, 환경과 에너지의 요소를 살펴봐요.

❷ 석유에 대한 전문성과 연결성 강화

· **궁금한 이야기** 각 장의 시작 부분에 주제별 키워드를 제시했어요. 열린 질문을 통해 스스로 탐구 능력을 키울 수 있어요.

· **용어 풀이와 찾아보기** 본문에는 '용어◆'로 표시해 뒀어요. 용어와 원어를 살피면 개념을 이해할 수 있어요.

· **과학과 친해지기** 여러 관점에서 현상을 관찰할 수 있는 사고를 유도해요.

· **에너지 인사이트** 사회적·경제적·지정학적·환경적인 화두를 제시해 사고력을 확장할 수 있어요.

❸ AI 그림

· 마이크로소프트 코파일럿(Copilot)과 챗GPT 3.5, 그리고 Dall·E 3 버전을 사용해서 그렸어요.

과학 안에서 석유 관찰하기

내가 배운 과학을 앞으로
'어떻게' 활용할까요?

'도대체 학교에서 배우는 과학은 어디에 쓸모가 있을까?' '과학을 배운다고 취업에 도움이 될까?' 제가 학창 시절부터 고민해 온 질문이에요. 왜 과학은 생명과학·지구과학·화학·물리학까지 네 과목이나 배워야 할까요? 영어도, 수학도 한 과목으로 되어 있는데, 과학은 하나로 합칠 수 없을까요? 지금도 많은 학생이 같은 질문을 던질 것입니다. 이 책에서 이 질문의 답을 찾을 수 있습니다. 사실 우리가 궁금해야 할 이야기는 과학을 '왜 배워야 하는가'보다, 내가 배운 과학을 '어떻게 활용할 것인가'입니다. 책에서 배운 지식을 융합하여 생활을 편리하게 만들어 줄 수 있게 응용해야 합니다. 그렇다면 '왜'보다는 '어떻게'라는 질문이 더 올바른 궁금증이지요.

과학은 우리 생활에서 일어나는 자연 현상을 이해하는 데 필요할 뿐만 아니라 현재와 미래를 더 윤택하게 살기 위해 꼭 알아 두어야 하는 학문입니다. 특히나 하루가 멀다 하고 새로운 발견이나 발명이 나오는 과학의 시대를 살아가는 현대인에게는 필수 교양입니다.

과학으로
석유를 관찰해 봐요

우리는 이 책에서 기초과학이 세상을 움직이는 주 에너지 석유와 만났을 때 어떻게 적용되는지 탐구할 예정입니다. 태양 빛이 내리쬐는 중동의 사막과 망망대해 한가운데서 석유를 생산하는 사람들이 어떻게 과학을 이용하는지 알아봅니다. 학교에서 배우는 생명과학·지구과학·화학·물리학을 통해 천연자원인 석유로 이루어지는 에너지 시스템을

과학기술을 활용하는 석유 에너지 산업

이해합니다. 과학이라는 강력한 무기로 우리 눈에 보이지 않는 땅속에서 일어나는 일들을 상상할 수 있을 거예요. 석유가 과학을 만나야만 펼쳐지는 장관을 그려 볼 수 있습니다.

특히 세 가지 구성 요소가 석유에 대한 전문성과 연결성을 이해하는 데 도움이 될 거예요. 첫째, '궁금한 이야기'에서는 주제별 키워드를 제시해 어려운 과학 주제도 쉽게 이해할 수 있는 문해력을 키웁니다. 둘째, '본문 도입부'는 다양한 질문을 통해 스스로 고민할 수 있는 탐구 능력을 향상시킵니다. 과학적 시각으로 석유에 대해 궁금한 질문을 던지며 가설을 설정해 봅니다. 셋째, '과학과 친해지기'와 '에너지 인사이트' 코너는 다각적인 관점에서 현상을 관찰할 수 있는 사고를 유도합니다. 교과서에서 배운 과학이 우리 산업에서 실제 어떻게 응용되는지 알 수 있어 무척 흥미로울 거예요. 글자로만 배우는 어려운 과학이 아니라, 우리가 실제로 사용하는 에너지원인 석유를 통해 과학이 어떻게 활용되는지 살펴보세요.

석유란
어떤 물질일까요?

이 질문에 누군가는 검은색 기름을 떠올릴지 모릅니다. 흔하게 보았던 모습이기 때문이죠. 석유는 주요 성분이 탄소와 수소의 결합체인 탄화수소◆입니다. 현대 인류가 첫 번째 주 에너지원으로 채택하여 산업과 생활 전반에 사용하는 천연자원입니다. 먼저 석유가 무엇인지 사전에서 살펴볼게요.

Oil(오일, 기름)　　모든 기름을 의미하며, 식용유(Vegetable Oil), 윤활유(Lubricating Oil), 원유(Crude Oil) 등 다양한 종류가 있습니다. 문맥에 따라 넓은 의미로 사용할 수 있어요.

Petroleum(페트롤리엄, 석유)　　지하에서 채굴되는 원유와 천연가스의 혼합물을 의미합니다. 정제 과정을 거쳐 휘발유(Gasoline), 디젤(Diesel), 등유(Kerosene) 같은 연료로 사용되지요.
'Petroleum'은 과학적·산업적인 측면에서 주로 사용하는 용어예요. 즉, Petroleum(석유)은 특정한 종류의 Oil(기름)이며, Oil은 더 넓은 개념이에요. 예를 들어, 모든 Petroleum은 Oil이지만, 모든 Oil이 Petroleum은 아니죠!

조선 시대 말기 문인 황현(黃玹, 1855~1910)의 《매천야록(梅泉野錄)》에 우리나라는 1880년 처음으로 석유를 사용한 것으로 기록되어 있습니다. 이후 일제강점기를 거치며 미국 스탠더드 석유 회사(Standard Oil Co.)가 국내 석유 공급망을 독점했고, 1936

년 최초의 정유공장이 원산에 설립되었습니다. 이름은 조선 석유 회사였으며 항공기 운행에 필요한 연료인 항공유를 생산했어요. 1962년 정부는 제1차 경제개발 5개년 계획(1962~1966)을 수립했습니다. 울산을 공업지구로 지정하며 석유 화학 단지 조성을 통해 자립 경제의 기반을 마련했습니다. 이로써 우리나라는 국제 경쟁력 있는 석유 화학 제품 생산국으로 성장했죠. 그중에서도 폴리우레탄은 미래 소재로 주목받으며 자동차, 조선, 인공관절, 의류 등에 사용하고 있어요. 폴리올레핀은 스마트기기, 바이오 나노신소재, 디스플레이 등에 활용할 수 있도록 개발 중입니다. 모두 석유를 원료로 하는 물질이에요.

한국은 현재 61기 화력발전소(2025년 기준)를 운영하고 있습니다. 발전소는 동해안, 서해안, 남해안을 따라 전국 곳곳에 있어요. 석탄, 석유, 천연가스를 주 연료로 사용하여 전력을 생산하고 있습니다. 오늘날 화석 연료는 국내 총전력의 60% 이상을 공급하며 주요 에너지원 역할을 합니다. 생활하는 데 없어서는 안 될 중요한 에너지죠. 전 세계로 넓혀 에너지 사용량을 살펴보면 화석 연료는 전체 에너지 시장에서 70% 이상을 점유(2022년 말 기준)하고 있습니다. 교통, 전력 생산, 운송 분야는 물론이고 석유 화학, 플라스틱, 군사 장비 등 전 영역에 걸쳐서 활용됩니다.

에너지의 신이 있어 갑자기 영화에서처럼 신비로운 대체

에너지원을 지구에 선물하지 않는 한 전 세계 석유 소비량을 단기간에 줄일 수는 없겠지요. 그러나 세계는 기후 위기에 대응하며 에너지 전환을 추진하고, 청정 에너지원에 주목하고 있습니다. 이를 위해 각국이 협력하여 연구·개발과 상용화를 거쳐야 해요. 그래야만 전 세계가 청정에너지로 전환할 수 있습니다. 에너지 전환을 이룰 수 있는 신비로운 대체 에너지원은 일곱 가지 조건을 충족해야 해요.

① 전 세계 인구수 증가만큼 많은 양을 지속적으로 공급 가능
② 높은 열효율
③ 운반·사용할 때 안전성
④ 저렴하게 채취하고 공급
⑤ 모든 공정 시스템에 쉽게 적용
⑥ 가볍고 안정적인 물질
⑦ 자연을 파괴하는 유해 물질 배출하지 않기

에너지원 물질이 지녀야 할 이런 일곱 가지 특성은 환경 관련 문제를 제외한다면, 전 세계가 오늘날까지 주 에너지원으로 사용하는 석유가 가진 장점입니다.
석유는 1900년대 석탄이 단일 에너지원으로서 전체 에너지 시장의 90% 이상을 차지하며 누렸던 독점권을 탈환한 천연

자원입니다. 당시 산업화가 시작되면서 빠르게 석유의 전성기가 도래했습니다. 그 후 1950년대가 되자 석유는 전체 에너지 시장에서 30%가 넘는 비율을 차지했습니다. 1970년대는 석유의 부흥기라고 할 수 있으며, 에너지 공급원으로서 시장 영향력이 정점을 찍은 시기였습니다. 그 파급력은 오늘날까지도 이어지고 있으며, 우리가 먹고 마시고 입고 자는 모든 순간에 석유 에너지가 활용되고 있습니다. 말 그대로 현대 사회를 지탱하는 필수 자원이라 해도 과언이 아니죠.

과연 58년 후에
석유는 고갈될까요?

에너지는 우리가 얼마나 많이 사용하고 얼마나 많이 만들 수 있는지를 생각해 봐도 그 중요성을 알 수 있어요. 먼저, 편리하고 쾌적한 생활을 하기 위해 얼마나 많은 에너지가 필요한지 한번 생각해 볼까요?

대표적으로 여름철 에어컨과 겨울철 난방기가 있습니다. 나의 동반자 같은 스마트폰과 스마트워치, 이동할 때 타고 다니는 교통수단 또는 전기 스쿠터와 전기 자전거, 내 모든 비밀이 담긴 태블릿 PC와 컴퓨터, 그리고 라면을 끓이는 데 필요한 가스레인지 등 수없이 많은 기기가 에너지를 사용합니다. 에너지를 구하지 못해 이 중 하나라도 사용할 수 없다면 당장 생활이 몹시 불편해집니다. 실제 그런 나라들이 있습니다. 아프리카와 중동의 몇 나라를 보면 아직도 24시간 365일 전기를 공급받지 못하는 가정이 많습니다.

한편으로 미래에 에너지를 사용해야 할 새 생명들이 이 순간에도 태어나고 있습니다. 인도와 브라질 같은 나라는 인구가 꾸준히 증가합니다. 새로운 과학기술의 발달과 함께 더 다양하게 에너지원을 활용하고 싶은 소비자의 욕구도 늘고 있지요. 해외여행을 가는 여행자도 증가하고, 차량을 소유한 인구도 늘어나며, 이제 에어컨이 없는 집이 드뭅니다.

에너지 소비 욕구가 증가하는 건 단순히 높은 삶의 질을 바라서만이 아니라 살아가는 데 없어서는 안 될 필수요소이기 때문입니다. 이러한 추세에 현재까지 발견한 에너지원 중에서는 석유가 전 세계 에너지 공급을 안정적으로 유지해 줄 수 있는 유일한 천연자원입니다. 수억 년 전부터 오랜 시간 인류를 위해 땅속에 잠들어 있던 탄화수소◆ 혼합물(석유 또는 천연가스)은 자연이 준 선물입니다. '인류를 위해'라는 표현은 우리 인간의 주관적인 해석이지만, 화석 연료 에너지를 발견한 일은 분명 인간의 기발한 과학적 발상으로 가능했던 사건입니다.

2000년대 초반에 일부 사람들이 "땅속에 묻혀 있는 석유와 천연가스는 쓸 수 있는 양이 정해져 있는데, 우리가 쓰는 에너지

양은 점점 늘어나고 있어서 곧 바닥날 거야!"라고 걱정하기 시작했습니다. 자원고갈론이 등장했습니다. 학자들 역시 땅속에 매장된 석유는 한정되어 있는 데 반해 에너지 소비량이 증가 추세라고 우려했습니다. 연간 전 세계 소비량으로 당시까지 발견한 석유 자원의 매장량을 나누었더니 수십 년을 넘기지 못한다는 결론을 내렸습니다. 그때로부터 25년이 지나 미국 에너지정보청(Energy Information Administration, EIA)에서 조사한 석유 매장량 통계에 따르면 앞으로 약 58년간 사용할 천연자원이 남아 있습니다. 석유 에너지를 몇 년간 더 사용할 수 있는지는 현재까지 발견한 석유 매장량을 1일 소비량으로 나누어 보면 알 수 있습니다.

석유 매장량

= 1,723,339백만 배럴÷1일 소비량 82백만 배럴

= 21,017일(57.6년)

현대를 살아가는 우리는 이 수치는 과연 신뢰할 수 있을까요?

에너지 분야 전문가들은 당시 그 결과를 심각하게 받아들였지만, 놓치고 있는 과학기술 발전과 석유 자원의 특징을 제대로 알아야 한다고 덧붙였습니다. 이 책에서는 땅속 깊은 곳에 묻

혀 있는 석유가 어떻게 만들어져서 땅 위로 올라오는지, 고등학교 과학 시간에 배우는 내용을 바탕으로 쉽게 설명하려 합니다. 앞서 계산한 '58년 후 석유 고갈'이라는 가정에 무엇이 잘못되었고, 우리가 놓치고 있는 중요한 이야기도 함께 알아볼 거예요. 석유가 어떻게 만들어졌는지부터 다양한 특징까지 자세히 살펴보겠습니다.

과학의 힘은
자연의 비밀을 알려 줘요!

우리는 과학을 통해 자연에서 일어나는 일과 인간을 더 잘 이해할 수 있어요. 학창 시절 혼자 있는 것보다 친구와 함께 있을 때 두려울 게 없던 마음처럼 과학도 마찬가지예요. 예를 들어 기초과학의 여러 관점에서 낙엽이 떨어지는 현상을 설명해 볼게요.

① 나뭇잎은 가을이 되면 날씨가 추워지고 영양분 공급이 줄어들면서 광합성을 멈춘다.

② 지구의 중력은 나뭇가지에 붙어 있는 약한 연결 부위보다 더 세게 작용해서 나뭇잎을 떨어트린다.

③ 대기는 태양 에너지와 지구의 공전과 자전으로 인해 생기는 공기

의 흐름 때문에 나뭇잎을 수직 방향으로 떨어뜨리지 않는다.

④ 잎의 모양은 공기가 나뭇잎을 스쳐 지나갈 때 저항력을 만들어 바람이 부는 방향으로 날아가기도 하고, 빙글빙글 돌면서 나무에서 멀리 떨어진 곳에 쌓이기도 한다.

⑤ 땅에 떨어진 낙엽은 시간이 지나면서 자연적으로 변하거나 곰팡이, 세균 같은 작은 생물들에 의해 분해되어 자연에 필요한 영양분으로 바뀐다.

나뭇잎이 떨어지는 단순한 현상 속에도 자연이 우리에게 들려주는 과학 이야기가 숨어 있습니다. 과학은 우리가 살아가는 세상을 이해하기 위해 인류가 오랫동안 기록하고 밝혀낸 소중한 지식입니다. 한 가지 현상을 관찰하고 깊이 생각하면서 다양한 관점으로 탐구하는 연습은 과학을 배우는 데 매우 유익합니다. 그렇다면 이러한 연습에 가장 적합한 물질은 무엇일까요?

바로 탄화수소입니다. 교과서에서 배우는 과학은 유기물질, 퇴적암, 탄화수소 혼합물, 에너지 등 여러 영역에서 탄화수소를 설명합니다. 탄소와 수소가 결합해서 물질이 만들어지는 시점부터 그 과정, 물질의 특성, 우리가 사용하는 에너지 제품에 이르기까지 폭넓게 과학적 원리를 설명합니다. 과학은 특정 현상이나 물질만을 설명하기 위해 만들어진 이론이 아니지만, 탄화수소는 과학자들이 가장 많이 다루는 대표 물질입니다. 하나의 물질을 중심으로 퍼즐을 완성해 보는 탐험은 과학과 친해지는 좋은 방법입니다.

에너지 대전환, 과학이 해결할 수 있다

　　　　　　　　우리는 교과서에서 배우던 생명과학, 지구과학, 화학, 물리학으로 석유라는 주요 에너지원을 깊이 이해할 수 있습니다. 모든 기초과학은 하나하나가 모여 자연현상을 설명하고 복잡하고 어려운 문제들을 해결합니다. 그리고 산업 현장은 기본적인 이론에서부터 발전하여 복잡하고 어려운 기술을 활용한다는 사실을 알 수 있습니다. 과학이 없었다면 궁금하기만 했던 석유 이야기는 무대 위에 펼쳐지는 마술처럼 우리가 그 비밀을 알아내지 못했을 것입니다. 미래를 준비하는 우리는 과학을 더 재밌게 공부해서 친환경적이고 안전하며 공평하게 사용할 수 있는 에너지원을 찾아 에너지 대전환 시대를 슬기롭게 맞이해야 합니다. 이는 오직 과학이 해결할 수 있습니다.

　　　이 책을 쓰면서 많은 사람의 도움을 받았습니다. 어렸을 때 과학에 대한 호기심을 키워 주고 작은 발견 하나에도 관심을 가질 수 있게 지도해 준 이경호 선생님, 서일삼 여사님께 감사를 올립니다. 아들 이주열, 이은열도 같은 마음으로 꿈을 꾸며 자랄 수 있도록 지켜봐 주겠습니다. 글은 대학교에서 강의하는 아내 함아름 선생님의 도움으로 독자의 흥미를 살릴 수 있도록 방향을 잡을 수 있었습니다. 석유 산업의 다양한 문제들을 함께 이야기하며 고민해 준 한국석유공사 동료들에게도 고마움을 표합니다.

책 집필은 학교에서 배운 기초과학이 교과서 밖으로 살아 움직이기를 바라는 마음에서 시작되었습니다. 흥미로운 내용은 좀 더 자세하게 소개했어요. 용어와 구성은 2022년 개정 교육과정 영역을 중심으로 연계했습니다. 이 책으로 과학에 좀 더 쉽게 다가가 이해하고 친해지기를 바라며, 이제 세상을 들여다보는 과학 이야기를 시작할게요.

2025년 3월
이상현

1부 | 생명과학으로 풀어낸 석유 에너지

2부 | 지구과학으로 탐사한 석유 에너지

3부 | 화학으로 탐구한 석유 에너지

4부 | 물리학으로 들여다본 석유 에너지

지구가 만든 에너지,
석유의 과학

1부
생명과학으로
풀어낸
석유 에너지

Petroleum
Energy
Explained
by Life Science

1 | 수억 년 전 생명체가 남긴 탄화수소

석유의 기원 물질
탄화수소 혼합물이 생성되는 과정
석유가 될 수 있는 조건

"호랑이는 죽어서 가죽을 남기고, 쥐라기 시대에 살았던 공룡은 죽어서 화석 연료를 만들었다"라는 말이 있습니다. 아주 오래전, 지구에는 공룡이라는 거대한 동물이 살았습니다. 공룡이 왜 멸종했는지에 대해서는 아직도 여러 의견이 있지만, 소행성 충돌설과 대규모 화산 폭발설 등이 가능성 높은 원인으로 널리 알려져 있지요. 그런데 현재 인류에게 더 중요한 사실은 공룡이 어떻게 멸종했는지가 아니라 그들이 우리에게 어떤 흔적을 남겼느냐는 것입니다.

공룡을 포함한 모든 생명체는 유기물과 무기물로 구성되어 있습니다. 유기물은 탄수화물, 단백질, 핵산, 지질 등으로 이루어져 있지요. 유기물은 탄소의 화합물인데, 탄소가 포함되어 있지 않은 무기물과 구분합니다. 무기물에는 물과 무기염류가 있습니다. 여기서 궁금증이 생깁니다. 유기물에 포함된 탄소와 석유 또는 천연가스에서 말하는 탄화수소(탄소와 수소의 결합체)◆ 속 탄소는 어떤 관계가 있을까요? 수천만 년 전 살았던 공룡뿐만 아니라 동물과 식물을 구성하는 유기물질도 석유를 만드는 데 도움을 주었을까요?

지질시대를 살펴보면 중생대 백악기 말기에 기후가 급격하

공룡 대멸종 모습

1부 생명과학으로 풀어낸 석유 에너지

게 변하여 동식물이 생존할 수 없었습니다. 소행성 충돌 또는 대규모 화산 폭발로 대기오염이 심각했고, 그로 인한 기후 변화가 공룡의 직접적인 멸종 이유 가운데 하나입니다. 바다에서는 플랑크톤, 어룡, 수장룡, 산호초 등 해양 동식물이 수온 변화로 죽었습니다. 흙 속에 매몰된 동식물의 사체는 땅속 환경에 오랜 시간 영향을 받으며 분해되었습니다. 여기서 우리는 과연 생명체를 이루는 유기물이 땅속 깊은 곳에서 어떤 작용을 받아 석유나 천연가스를 생성하는지 알아보려고 합니다. 이와 관련한 가설에 무엇이 있는지도 함께 살펴볼게요.

공룡이 죽어서 석유를?

석유가 어떻게 만들어졌는지와 관련해 학계에 몇 가지 이론이 있습니다. 정설처럼 여겨지는 첫 번째 가설은 동식물의 사체에 들어 있던 유기물질로부터 만들어졌다는 설명입니다. 생명체를 이루는 유기물에서 나오는 탄소가 중요한 증거입니다. 석유를 이루는 탄화수소 혼합물 내 탄소 원소의 근원이라는 거죠. 석유는 주로 땅속 깊은 곳에서 발견되는데, 그곳의 지층이 만들어질 때 환경을 생각해 보면 보통 바다나 강과 같은 곳이었어요. 이런 환경에는 많은 해양 생물들이 살았고, 그 생물들이 죽어서 쌓인 유기물질이 많았어요. 시간이 지나면서 이 유기물질이 쌓이고 변하여 석유가 될 수 있는 재료가 되었다는 가설이 과학자들의 생각이에요. 지금까지는 가장 유력한 이론으로 인정받고 있습니다.

두 번째는 지구를 구성하는 내부 성분에서 나왔다는 주장입니다. 지구를 사과 자르듯 반으로 잘라 단면을 살펴보면 가운데부터 내핵, 외핵, 맨틀, 지각으로 이루어져 있지요. 이 가설은 지구의 바깥쪽을 차지하는 지각 아래에 있는 맨틀에서 석유가 생성되어 지각으로 흘러나왔다는 이론입니다. 만약 맨틀 기원이 맞다면 석유 자원량은 한정되어 있지 않고 무한에 가까울 정도로 엄청난 양이 매장되어 있고, 계속해서 생성될 수 있습니다. 맨틀은 지각과 외핵 사이에 있는 부분으로 지구 전체 부피 중 84%를 차지하기 때문이지요. 우리가 사용하는 주요 에너지원인 석유가 무한하다는 주장이어서 한편으로는 반갑고 기쁜 이야기입니다. 이 가설을 뒷받침하는 주장 중에는 석유가 항상 같은 종류의 퇴적층에서만 발견되는 것이 아니라는 연구도 있어요. 하지만 신뢰성이 조금 낮다는 점이 아쉬운 부분이에요.

첫 번째 기원설을 주장하는 학자들은 유기물이 아니라 지각 아래 맨틀에서 만들어진다면 석유가 전 세계 곳곳에서 골고루 발견되어야 한다고 반론을 제기합니다. 맨틀은 지구의 지각 아래 모든 곳에 존재하기 때문입니다. 또한 맨틀에서 생성되었다면 석유가 퇴적암뿐만 아니라 다양한 종류의 암석에서도 발

1부 생명과학으로 풀어낸 석유 에너지

견되어야 합니다. 우리 집 앞의 땅을 파헤쳐도 석유가 나와야 합니다.

많은 학자는 두 주장 가운데 유기물질에서 석유가 생성되었다는 첫 번째 가설에 동의합니다. 그 이유는 탄소 화합물인 유기물이 있었던 환경과 석유가 발견되는 암석층의 퇴적 환경이 매우 비슷해 보이기 때문입니다. 여기서 말하는 유기물은 공룡이 아니라 바다에 살았던 플랑크톤, 해조류, 식물에서 나온 유기

쥐라기 시대 바닷속 수장룡과 어류 모습(AI 과학 활용)

물질에 가깝습니다.

만약 공룡이 석유를 만들어 냈다고 믿었다면 아쉬운 이야기지만, 실제로는 전 세계에서 사용되는 엄청난 양의 석유를 만들기엔 공룡의 숫자가 너무 적었어요. 또한 수많은 공룡들이 같은 날 같은 장소에서 한꺼번에 죽고, 짧은 시간 안에 땅속에 묻혀야 해요. 그래야 베네수엘라, 사우디아라비아, 이란, 캐나다, 미국처럼 석유가 많이 매장된 지역이 나올 수 있죠. 유기물을 가진 생명체인 공룡으로부터 석유 또는 천연가스가 생성된다는 가정은 사실상 불가능합니다.

석유가 어떻게 만들어졌는지에 대한 설명은 일반적으로 다음과 같습니다. 호수, 늪, 강, 바다 등에 살았던 다양한 수중 생물, 특히 플랑크톤과 해조류가 주요한 유기물 공급원이 되었다는 것이에요. 이들이 지각을 구성하는 광물들과 함께 퇴적되어 석유 생성의 근원을 이루었습니다. 물론 어릴 적 꿈속에 나오던 다이너소어 공룡들도 미미하긴 하지만 이바지했을 거라고 봅니다.

플랑크톤은 물에 떠다니는 박테리아, 단세포 생물부터 크릴새우류, 해파리 같은 동물·식물성 다세포 생물들을 통틀어 부르는 말입니다. 담수나 해수에 떠 있거나 물결을 따라 흘러다니는 생물이죠. 이 중 식물플랑크톤은 광합성을 통해 물(H_2O)과 이산화탄소(CO_2)로부터 유기물을 만들어 내는 생태계 에너지 생산자입니다. 먹이사슬에서 스스로 양분을 만들어 내는 기초 생산자입니다. 해조류 역시 바닷속 질소와 인을 먹고 자라며 광합성 작용을 통해 이산화탄소를 흡수하고 산소를 배출하는 생태계의 중요한 해양 자원입니다. 플랑크톤과 해조류는 석유의 재료가 되는 풍부한 유기물질의 근원이기도 합니다.

해저에 가라앉은 유기물질 위로 퇴적물이 쌓이고 땅속 깊은 곳으로 묻히기까지는 오랜 시간이 걸립니다. 오늘날의 하루, 한 달, 1년과 같은 시간 흐름 단위로는 어림도 없습니다. 우리가 사용하는 석유는 수억 년에서 수천만 년 전에 쌓인 유기물을 통

해양 생물을 포함한 유기물질이 쌓여서 이룬 퇴적물(**AI** 과학 활용)

해 생성된 것이지요. 그렇다면 지금 바다 속에 쌓이고 있는 해양 생물의 사체 역시 과거와 같은 과정을 거쳐 수천만 년 후에 똑같이 석유가 될까요? 그렇지 않을 수도 있습니다. 석유는 단순히 오랜 시간이 흐른다고 만들어지는 물질이 아닙니다. 유기물을 포함하는 생명체와 대량의 유기물을 포함하는 퇴적층이 짧은 시간 안에 쌓여야 하기 때문입니다. 기나긴 시간 동안 천천히 적은 양의 유기물이 넓게 퍼져서 쌓이면 충분한 석유가 만들어질 수 없습니다. 그러나 기후 변화로 해수 온도가 급격히 올라가서 일시적으로 대량의 해양 생물이 죽는다면 가능할 수도 있습니다. 물론 그런 일은 일어나지 않아야 하지만요.

생명체를 살아 움직이게 하는
에너지원은 무엇일까?

먼저 우리의 일상을 들여다봐요. 사람은 아침부터 저녁까지 하루에 세 번 고민하며 결정하는 것이 있습니다. 셰익스피어의 작품에서 햄릿은 "죽느냐 사느냐, 그것이 문제로다(To be or not to be that is the question)"라고 독백하듯이, 우리는 날마다 '이걸 먹을까 저걸 먹을까 그것이 문제로다'라며 고민에 빠집니다. 떡볶이, 마라탕, 피자, 삼겹살 같은 식품 속에 들어 있는 탄수화물, 단백질, 지방은 우리 몸이 소화하면서 흡수되어 에너지를 제공합니다. 소화된 음식은 포도당, 아미노산, 지방이라는 3대 영양소로 분해되고 세포가 흡수하면서 산소와 결합하여 에너지가 되죠. 세포 내에서 산소와 결합하는 세포 호흡을 통해 영양소는 생명 시스템이 유지되고 살아가는 데 필요한 에너지를 만들어 줍니다. 음식은 우리에게 꼭 필요한 에너지원입니다.

성숙한 유기물

지표에 묻히거나 바닷속에 가라앉은 동식물 사체는 세균이나 박테리아 등에 의해 천천히 분해됩니다. 죽은 생명체는 작은 모래 알갱이 같은 광물이나 진흙, 점토 등으로 이루어진 서식 환경에 따라 퇴적되어 두꺼운 층을 이룹니다. 이렇게 만들어진 하나의 퇴적층을 '암석층'이라 부르고, 그 위에 또 다른 퇴적 환경에 따라 새로운 층들이 쌓여 지층이 만들어집니다. 무지개 케이크와 비슷합니다. 유기물질과 함께 쌓인 지층은 시간이 지나면서 점점 더 깊이가 깊어져요. 여기서 퇴적 환경이 달라지는 경우란, 빙하기나 해빙기 같은 환경 변

퇴적한 유기물에서 석유가 생성되는 과정

화, 또는 강이나 호수 같은 물이 있는 곳이 가뭄이 들거나 물길이 바뀌어서 땅이 되는 지형 변화 등을 말해요. 사계절이 있는 한국은 계절에 따라 자연환경의 모습이 달라집니다. 환경이 변하면 생명체 종류가 달라지고, 그 사체가 쌓인 후 분해되어 나오는 유기물 성분에도 차이가 생겨 탄화수소를 만드는 근원 물질이 달라지기도 합니다.

　육지와 바다의 유기물질은 지하에 묻혀 높은 압력과 열에너지 영향을 받습니다. 이때 유기물질을 이루는 탄소 화합물이 기본 단위체인 탄소 원소로 재배열되어 고분자 유기화합물인 케로겐◆을 형성합니다. 케로겐은 포도 한 송이가 통째로 탕후루로 변한 모습과 비슷합니다. 복잡한 구조를 가진 케로겐은 수소와 탄소(H/C), 산소와 탄소(O/C) 비율을 기준으로 타입 1, 2, 3, 4로 나닙니다('케로겐 유형과 성숙도를 나타내는 도표' 참고). 탄소 대비

수소 비율이 높고 산소 성분이 적으면 타입 1로 분류하고 반대에 가까울수록 타입 4로 구분합니다. 이렇게 화학 성분의 비율이 다른 이유는 땅과 육지에 사는 생명체의 몸을 이루는 물질이 조금씩 다르기 때문입니다. 포도 품종이 샤인 머스캣, 거봉, 캠벨얼리 등으로 다양하듯이, 케로겐을 형성하는 근원 물질에 따라 만들어지는 탄화수소가 다릅니다.

바다의 유기물이 근원 물질이라면 타입 1에 가깝고, 땅에서 살았던 생명체의 유기물이 근원 물질이라면 타입 3에 속합니다. 통계적으로 타입 1에서 타입 3 사이에 속하는 케로겐으로부터

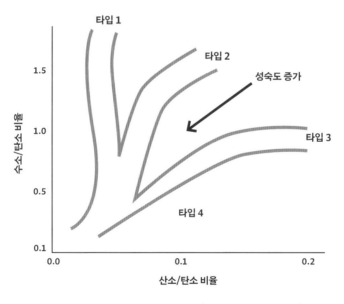

케로겐 유형과 성숙도를 나타내는 도표(Van Krevelen Diagram)

석유나 천연가스가 만들어집니다. 타입 4는 압력과 온도가 너무 강하게 유기물에 작용하여 석유가 되기 힘든 물질입니다. 일부 유기물 퇴적층이 석유가 되지 못하는 이유입니다.

　지층 중에서 풍부한 유기물이 들어 있는 층을 근원암◆이라고 부릅니다. 암석을 부르는 또 다른 이름입니다. 석유 또는 천연가스가 만들어지는 암석층이죠. 근원암에서는 유기물을 이루는 탄소 원소가 높은 열에 의해 변하면서 케로겐이 되고, 다시 오랜 기간 땅속 열을 받아 석유로 바뀝니다. 이를 열적 성숙◆이

동식물 사체가 퇴적한 지층이 온도와 압력을 받는 모습(AI 과학 활용)

1부 생명과학으로 풀어낸 석유 에너지

라고 불러요. 숙성한 밀가루 반죽이 오븐에서 노릇노릇 맛있는 빵으로 익어 가는 과정과 같습니다. 석유가 만들어지는 과정에서 '성숙'은 동식물의 사체에서부터 시작하여 탄화수소 혼합물이 생성되는 과정을 뜻합니다. 하지만 성숙 과정에서 지나치게 뜨거운 열을 오랜 기간 계속 받으면 석유보다는 천연가스 성분만 주로 남게 되죠. 열분해 과정을 통해 무거운 탄화수소가 가벼워지기 때문입니다.

석유를 찾거나 어떻게 만들어졌는지 알아보려면, 이미 만들어진 석유가 어떤 과정을 거쳐 생겨났는지를 거슬러 따라가 보면 됩니다. 얼마나 높은 압력과 온도의 영향을 받았는지 계산해 보거나, 퇴적 환경을 조사하여 어떤 종류의 석유가 만들어졌을지 예상해 봅니다. 땅속을 이해하려는 이유는 단순히 어떤 생명체의 유기물이 쌓였는지 알아보는 것이 아니라, 성숙된 석유를 찾았을 때 그 석유가 묻혀 있던 암석이 얼마나 가치 있는지를 알아보기 위해서입니다. 한 걸음 더 나아가 땅속에 있는 석유 또는 천연가스(이하 내용에 따라 '가스'로 표현합니다)가 주변 지층에 숨겨진 다른 유체들과 서로 비슷한지 과학적으로 추론하는 데에도 활용됩니다.

휘발유, 경유, LPG 가스는
어떻게 소비자에게 올까?

석유는 오랜 기간에 걸쳐 오로지 자연의 영향 아래에서 만들어집니다. 지구의 탄생 이후 대기가 형성되며 지각이 만들어지고 생명체가 나타난 머나먼 과거 여행에서 확인했습니다. 과거에서 현대로 돌아와 볼까요? 오늘날 인류가 과학기술을 이용하여 땅속에 숨은 석유 자원을 찾아내고 우리가 사용할 수 있게 하기까지 어떤 과정을 거치는 걸까요?

석유는 탐사, 개발, 생산, 운송, 정제, 판매라는 단계를 거치며 사용자가 구매할 수 있는 제품으로 상품성을 갖춥니다.

① 탐사◆는 땅속에 묻혀 있는 석유를 찾는 활동입니다.

② 개발◆은 탐사에서 발견한 석유를 땅 위로 퍼내는 데 필요한 설비를 설계·구매·설치하는 작업입니다.

③ 생산◆은 생산 설비를 통해 생산된 석유에서부터 물, 유해 가스 등 이물질을 분리하고 임시 저장하는 과정입니다.

④ 운송◆은 정유사나 운송업체가 원유를 석유 회사로부터 사들여 정제시설이 있는 곳으로 운반하는 산업입니다.

⑤ 정제◆는 정유사가 증류 공정을 거쳐 휘발유, 경유, 항공유, 가스, 윤활유 등의 제품으로 분류하는 단계입니다.

⑥ 판매는 각 제품이 판매처를 거쳐 소비자가 구매할 수 있도
   록 유통하는 서비스입니다.

유기물에서 시작하여 주유소에 판매하는 휘발유로 소비자에
게 전달되기까지 여러 단계를 거쳐야 하므로 오랜 시간이 걸
리지만, 우리의 에너지 시스템을 작동시키기 위해 꼭 필요한
과정이지요. 공룡이 사라진 자리에 주유소가 생겼습니다.

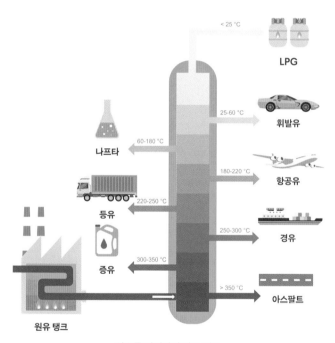

원유를 정제하여 나온 제품

우리나라에서 소비하는 에너지원의 종류

에너지는 1차 에너지와 최종 에너지로 나눌 수 있습니다. 1차 에너지는 자연에서 직접 얻을 수 있는 에너지원으로서, 다른 에너지를 만들기 위해 처음으로 사용하는 에너지를 가리킵니다. 여기엔 석탄, 원유, 천연가스와 같은 화석 연료와 핵에너지(원자력), 신재생 에너지가 포함됩니다. 신재생 에너지는 다시 두 가지로 나뉩니다. 재생 에너지는 자연에서 얻을 수 있으며 계속해서 사용할 수 있는 에너지로, 태양열과 태양광을 포함한 태양 에너지, 풍력, 수력, 해양, 지열, 바이오, 폐기물 에너지가 있습니다. 신에너지는 기존 방식과는 다른 새로운 에너지를 말하는데 수소, 연료 전지, 석탄을 액체로 만들거나 가스로 바꾸는 기술이 포함됩니다.

최종 에너지는 소비자가 직접 이용할 수 있도록 변환된 에너지를 말합니다. 1차 에너지를 필요에 맞게 가공하여 만든 전기와 열에너지가 대표적인 예입니다. 2차와 3차 에너지는 최종 에너지로 전환하는 과정에서 거치는 에너지 종류를 말합니다. 배터리는 1차 에너지에서 만들어진 2차 에너지인 전기를 저장했다가, 전기자동차가 움직이는 데 필요한 최종 에너지를 제공하는 역할을 합니다.

2025년 추계인구 기준으로 5,168만 명이 살고 있는 한국에서는 소비자가 사용할 최종 에너지를 만들기 위해 여러 가지 1차 에너지를 사용합니다. 가정, 산업, 상업, 운송 등 에너지를 필요

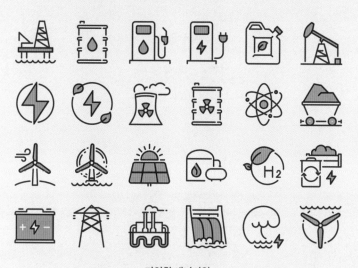

다양한 에너지원

로 하는 분야에 따라 사용하는 에너지원도 달라집니다. 그리고 에너지원이 다양해야 하는 데는 또 다른 중요한 이유가 있습니다. 바로 에너지 안보를 지키기 위해서입니다. 하나의 에너지원으로 움직이는 시스템은 대체 에너지가 없어서 해당 에너지원에 대한 의존도가 매우 높아집니다. 예를 들어 연료가 바닥난 자동차는 전기충전소나 주유소에서 연료를 넣어 주지 않으면 움직이지 못하고, 배터리가 방전된 스마트폰은 전력을 충전해야만 사용할 수 있습니다.

에너지는 사회 시스템을 원활하게 작동할 수 있도록 안정적으로 공급되어야 하며, 가격도 저렴하고 지속적으로 충분한 양이 확보되어야 합니다. 또한, 부유한 나라든 가난한 나라든 누구나 공평하게 사용할 수 있어야 합니다. 아래는 우리나라에서 1차 에너지로 쓰이는 주요 에너지원의 종류입니다.

원유, LNG, 유연탄과 무연탄(화석 연료)
우라늄(원자력 연료)
수력과 신재생 에너지

현재 가장 많이 사용하는 연료는 단연 화석 연료입니다. 2023년 12월 기준 전체 에너지 사용량의 82% 이상을 차지합니다. 석유를 포함한 화석 연료는 에너지 시장에서 차지하는 비중이 큰 만큼 에너지원 공급에도 많은 영향을 미칩니다. 이는 단순히 사회와 경제에만 영향을 미치는 것이 아니라, 국가 안보와도 직결됩니다. 에너지원 없이는 국가 시스템이 제대로 작동할 수 없기 때문입니다. 화석 연료는 세상을 움직이는 핵심 동력원이라고 할 수 있습니다. 그중에서도 석유는 이를 둘러싼 강대국과 산유국, 이권을 차지하려는 집단 간의 다툼과 전쟁, 보이지 않는 권력 싸움 등에 의해 가격이 크게 변동할 수 있으며, 심한 경우 공급이 중단되는 위험도 있습니다. 아래 그래프는 에너지원별 국내 시장 점유율입니다.

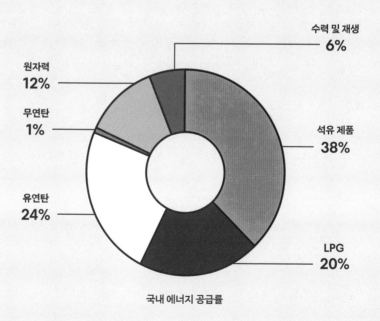

국내 에너지 공급률

에너지는 국민이 편리한 생활을 누리고, 국가 시스템이 안정적으로 운영되기 위해 반드시 필요한 요소입니다. 이를 뒷받침하는 근본적인 힘이 바로 에너지 안보입니다. 우리나라는 안정적인 에너지 공급을 위해 여러 국가와 다양한 에너지원 확보에 힘쓰고 있습니다. 또한 기후 변화에 대응하여 2050년까지 탄소 중립을 달성하고자 신재생 에너지와 원자력에 대한 비중을 높이고 있습니다. 2030년부터 원자력, 신재생, 수소, 연료 전지 등 탄소를 배출하지 않는 에너지 공급 비중을 50% 이상으로 늘리기 위한 계획도 수립했습니다. 하지만 현재 우리나라는 사용하는 에너지의 94% 이상을 외국에서 수입하고 있습니다. 이는 우리가 에너지를 직접 생산하는 비율이 매우 낮고, 외국의 에너지 공급에 크게 의존하고 있다는 뜻입니다. 실제로 국내에서 생산되는 에너지는 6%도 채 되지 않으며, 천연자원이 많지 않기 때문에 주로 수력과 신재생 에너지가 그 역할을 담당하고 있습니다. 한 달 월급에서 90% 이상을 외식비로 사용한다면 생활이 어렵습니다. 에너지 역시 마찬가지입니다. 우리가 쓰는 에너지를 대부분 외국에서 수입해 온다면 비용이 많이 들고, 안정적으로 공급받기도 어려워집니다.

에너지를 절약해야 하는 이유는 단순히 환경을 보호하기 위해서만이 아닙니다. 우리나라는 스스로 충분한 에너지를 만들기 어려운 에너지 빈국이기 때문입니다. 에너지원의 대부분을 외국에 의존하는 나라에 사는 국민으로서 우리가 소비하는 에너지의 가치를 인식하고 더 효율적이고 현명하게 사용하는 행동이 중요합니다.

우리의 미래와 지구를 위해 다 함께 지혜로운 에너지 소비자가 됩시다.

지구가 만든 에너지,
석유의 과학

2부
지구과학으로
탐사한
석유 에너지

Petroleum
Energy
Explored
by Earth Science

2 | 지각에 숨겨진 비밀

자연에 보이지 않는 에너지
힘의 크기를 측정하는 방법
땅속으로 들어갈수록 높아지는 열에너지
압력과 열이 미치는 영향

석유를 찾기 위해 땅을 파는 사람들에 대해 들어본 적 있나요?
'땅을 파면 돈이 나오냐?'라는 옛말처럼 우스갯소리로 들릴지
모르지만, 실제로 땅속에서 검은 황금을 찾아내는 사람들이 있
습니다. 그중에서도 모래 속에서 석유를 추출하는 사람들이 있
는데, 이들은 바로 비전통 원유인 오일샌드를 다루는 전문가들
입니다.

오일샌드◆는 캐나다에 널리 분포한 천연자원 중 하나로,
특별한 방법을 사용해 생산됩니다. 여기서 비전통 원유란, 우리
가 흔히 알고 있는 액체 석유와는 성질이 다른 석유를 말합니다.

(비전통 원유에 대한 자세한 내용은 3부에서 다룹니다.) 오일샌드◆는 겉면의 흙을 걷어낸 후 대량의 퇴적층과 함께 매우 높은 점성의 반고체 또는 고체 상태로 채취된 석유입니다. 일반 석유와는 다르게 굳어 버린 꿀처럼 잘 흐르지 않습니다.

우리가 흔히 말하는 액체 상태의 검은 석유는 어디에 묻혀 있을까요? 땅속 깊은 곳에 매장되어 있는 석유에는 어떤 특별한 자연환경이 영향을 미치고 있을까요? 궁금증을 해결하기 위해 석유가 묻혀 있는 지하 지층에 대한 신비로운 조건들을 살펴보

캐나다 오일샌드 생산 현장

2부 지구과학으로 탐사한 석유 에너지

겠습니다.

석유가 발견되는 깊이는 대개 땅속 수백 미터에서 수 킬로미터 아래입니다. 지구 내부의 구조는 구성 성분에 따라 여러 부분으로 나뉘어 있는데, 그중에서 '지각(地殼)'은 우리가 딛고 있는 땅의 가장 바깥 부분이에요. 최근에는 지각 안에서 깊이 3~4킬로미터쯤 되는 곳에 부존(賦存, 천부적으로 존재)하는 석유를 찾는 사례가 많습니다. 심지어 더 깊은 곳에서 찾을 때도 있죠. 이 깊이를 쉽게 생각해 보면 제주도 한라산이 지표면에서 1,950미

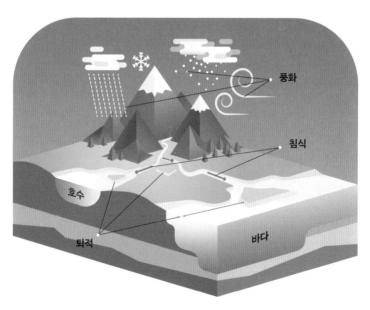

자연 에너지에 의한 풍화, 침식, 퇴적

터 높이인데, 그보다 2배 정도 더 깊은 곳이라는 뜻이에요. 그러니까 땅속 깊은 곳에 석유가 숨어 있다는 걸 알 수 있죠.

우리는 땅속 약 4킬로미터 깊이까지 쌓여 있는 지층들이 암석 속 석유에 어떤 영향을 주는지 알아야 해요. 그래야만 에너지 시스템을 지탱해 주는 핵심 천연 에너지원을 효과적으로 생산할 수 있습니다. 배달음식을 먹기 전에 용기와 포장지를 살펴보는 것과 같은 과정입니다.

지층은 흙과 암석이 오랜 기간 층층이 쌓인 거예요. 지층을 구성하는 작은 광물 입자들은 크고 작은 알갱이입니다. 광물이 이동하다 쌓일 때는 택배차 안 네모난 택배 상자처럼 빈틈없이 쌓이지 않습니다. 어떤 때는 비슷한 크기의 입자들이 깔끔하게 쌓이고, 어떤 때는 크기가 제각각인 입자들이 마구 섞여서 쌓이죠. 이렇게 쌓인 지층을 '퇴적층'이라고 하는데, 입자의 크기와 모양이 다양해서 작은 구멍이나 틈이 생깁니다. 그리고 그 틈 속에 숨어 있는 액체가 바로 우리가 찾는 석유입니다. 석유를 포함하고 있는 암석을 저류암◆이라 합니다.

또 한 가지 살펴보면, 땅속에서는 광물 입자 사이에 여러 가지 힘이 작용합니다. 이 힘은 암석과 석유 같은 액체에도 영향을 주지요. 그렇다면 땅속이 깊어질수록 어떤 변화가 일어날지 함께 알아볼까요?

2부 지구과학으로 탐사한 석유 에너지

압력이 지배하는 지층

　　　　　　암석을 이루는 알갱이인 광물♦은 오랜 시간 바람, 강, 바다 또는 산사태, 빙하 등에 의해 한 곳에 머무르지 못하고 옮겨 다닙니다. 풍화작용은 암석이 자연의 힘에 의해 부서져 흙과 같이 작은 알갱이로 변하는 현상입니다. 바람, 물, 날씨 같은 자연환경으로 풍화작용이 일어나 암석이 깨지거나 작아져서 이곳저곳으로 이동하게 됩니다. 육지와 바닷속 해저에서 작은 크기의 광물뿐만 아니라, 예를 들어 주먹만 한 큰 돌까지 굴러가거나, 물에 떠서 움직이거나, 높은 곳에서 떨어질 수도 있어요. 이렇게 암석이나 광물들이 쌓이는 건 가끔은 아주 오랜 시간 동안 넓은 지역에 걸쳐 천천히 일어나기도 하고, 때로는 갑작스럽게 좁은 지역에서 한 번에 일어나기도 합니다.

　　광물의 움직임은 바다의 파도가 밀려왔다 밀려가면서 해안가의 돌을 깎거나 쌓이게 하고, 빙하기 때는 얼음이 녹으면서 바닷물이 높아져서 땅이 변하기도 해요. 또 장마철에 산사태가 일어나거나, 사막에서 바람에 모래가 날리면서 모래 언덕이 움직이기도 하죠. 이를 '퇴적 환경'이라고 부릅니다. 광물과 암석은 같은 환경에서도 위치에 따라 힘이 다르게 작용해서 쌓이는 크기나 모양이 달라질 수 있어요. 머리를 깎을 때 매번 다른 미용실에 가면 머리 모양이 조금씩 달라지는 것과 비슷합니다.

　　오래된 광물일수록 깊은 곳에 지층을 이루고, 새롭게 생성된 지층일수록 지표에 가깝습니다. 지층이 쌓인 순서를 알려 주는 '지층누중의 법칙'입니다. 석유가 가장 많이 만들어진 지질시대로 알려진 중생대 쥐라기와 백악기 시대를 거치면서 광물은 유기물과 함께 지층 깊은 곳에 묻혔고, 그 위로 새로운 암석층들이 쌓여 올라갔습니다. 마치 아파트 1층이 건설되고 2층, 3층 순으로 올라가는 순서와 비슷합니다. 이러한 현상을 생각해 보면 땅속 1킬로미터에 있는 지층은 바로 위 1킬로미터 높이의 암석층이 누르고 있는 형태와 같습니다. 그래서 하부 퇴적층은 위에 쌓인 암석의 무게가 누르는 압력을 받습니다. 압력은 땅속으로 깊어질수록 위에 있는 암석들이 아래로 누르는 힘을 말합니다. 단위 면적당 받는 힘의 크기이며, 땅속 지점에서 지표까지 연속된 지층 사이에 커다란 동굴이 없는 한 지층을 이루는 모든 광물 하나하나가 연결되어 전달하는 힘입니다. 30층 아파트의 1층에 가해지는 힘과 다름없습니다. 여러 암석으로 퇴적된 지층의 광물 종류만 알 수 있다면 땅속에 가해지는 압력(힘)의 크기를 계산할 수 있습니다.

광물은 물리적·화학적 성질에 따라 구분되는데요. 물리적 성질에는 색, 조흔색, 광택, 쪼개짐, 비중, 광학적 성질 등이 있고 화학적 성질에는 화학적 조성과 결정구조가 있습니다. 그중 땅속에 가해지는 압력을 계산하기 위해서는 물리적 성질인 비중을 알아야 합니다. 비중을 통해 광물이 퇴적한 지층 두께에 해당하는 무게를 알아낼 수 있습니다. 아파트 층별로 거주하는 세대원을 파악하여 1층에 전달되는 무게를 측정하는 방법과 유사합니다. 이와 같은 방법으로 1킬로미터 깊이까지 형성된 지층은 다양한 퇴적 환경을 거치는데, 각 지층에 퇴적된 암석(사암, 점토암, 탄산염암, 암염, 화강암 등)을 구분하여 땅속에 전달하는 힘을 추정할 수 있습니다. 즉, 우리가 궁금했던 땅속에는 암석층이 누르는 압력이 존재하고, 지하로 깊어질수록 두꺼운 지층으로 인해 더 높은 압력을 받습니다. 이를 정암압◆이라 합니다.

　　땅속에는 작은 광물들이 쌓여 누르는 힘과 함께 광물 입자들 사이의 공극◆이라 불리는 빈 공간을 채운 유체에 작용하는 유체 압력◆이 존재합니다. 유체◆란 흐를 수 있는 물질을 말하며, 액체와 기체를 모두 의미하지요. 광물 입자 사이의 공극은 일반적으로 지표에서부터 물로 채워져 있다고 여겨집니다. 바닷물 때문에 물이 들어오는 해상 퇴적 환경과 더불어, 땅 위에서 눈이나 비가 내려 지층 속으로 스며들면서 공극이라는 빈 공간이 채워져요. 땅속 공극에 침투한 물은 실린더에 담겨 있는 물처럼 물기둥을 형성합니다. 물론 지층 속 공극은 서울에서 부산까지 가는 국도길처럼 광물 입자에 의해 꾸불꾸불한 길로 이루어져 있지만 얼마큼의 수직 높이로 쌓여 있는지에 따라서 땅속에 미치는 힘이 결정됩니다.

　　우리는 유체가 얼마나 가득 공극을 채우고 있는지에 따라서 땅속 깊은 곳에 미치는 유체 압력◆을 계산해 낼 수 있습니다. 흘러 들어온 유체는 광물에 포함된 염분이 녹아들어 염도가 올라갑니다. 담수에서 염도가 올라갈수록 물의 밀도는 커지죠. 물에 소금의 무게가 더해지기 때문입니다. 땅속의 공극엔 물, 천연가스와 석유가 섞여 있기 때문에 공극을 채우고 있는 유체의 종류는 압력을 예측하는 데 중요합니다. 컵 두 개에 각각 얼음이 가득한 아이스 아메리카노와 따뜻한 커피를 채워서 무게를 재면 차이를 알 수 있습니다. 부피가 같은 컵에 담긴 고체와 액체 상태 물질의 무게에 따라 압력의 차이가 발생합니다.

유체 종류에 따른 압력의 변화를 표시하는 압력 차(압력 구배)는 아래 표 '유체 압력 구배와 밀도'와 같습니다. 염수의 압력 차를 이용해서 1킬로미터 깊이에 매장된 석유가 받는 압력을 추정하면 약 1,476psi(0.45psi/ft×3,280ft)입니다. 땅속에서 마치 1킬로미터 물기둥을 들고 서 있을 때와 같은 힘입니다. 물기둥보다는 석유가, 석유보다는 천연가스 기둥이 더 가볍습니다. 땅속 깊

유체	담수	염수	석유	천연가스
압력 구배	0.433psi/ft	0.45psi/ft	0.35psi/ft	0.08psi/ft
밀도	1.00g/cc	1.04g/cc	0.81g/cc	0.18g/cc

유체 압력 구배와 밀도

2부 지구과학으로 탐사한 석유 에너지

은 부분으로 내려갈수록 석유가 받는 압력은 더 높아집니다. 밀도만 알면 누구나 손쉽게 땅속에 작용하는 압력을 계산할 수 있습니다.

지각에 묻힌 석유는 탄화수소 혼합물을 이루는 성분에 따라 몇 가지 다른 물리적 특성을 보입니다.

① 높은 압력에서는 석유에 많은 가스가 녹아 있고, 압력이 낮아지면 용해도가 낮아 가스는 분리될 수 있습니다.

② 압력이 높을수록 유체가 흐르는 데 저항하는 정도에 대한 척도인 점성도는 높아지고, 석유는 더 많이 압축됩니다.

땅속에 작용하는 힘은 석유의 성질을 변화시키기 때문에 정확히 알아야만 땅속에서 탄화수소가 어떤 상태로 존재하는지 예측할 수 있습니다. 지구의 땅속에서 발생하는 에너지 흐름이 일으키는 과학적 현상입니다.

과학과 친해지기

압력을 측정해서 알 수 있는 것은?

깊이에 따른 압력을 측정할 수 있다면 우리는 무엇을 알 수 있을까요? 실제로 땅속에 매장되어 있는 석유에 대한 정보를 얻기 위해 유체 압력 측정 장비로 깊이에 따른 압력을 측정할 수

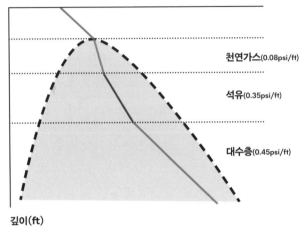

깊이에 따른 압력 변화 그래프
(압력-깊이 그래프에서 기울기는 유체의 특성을 나타냄)

있습니다. 이 장비는 지표에서 석유가 묻혀 있는 땅속까지 내려가면서 수 미터 간격으로 유체 압력을 확인합니다. 압력 정보는 땅속 상태를 말해 주는 특별한 지표입니다.

압력은 깊이가 깊어질수록 누르는 유체의 기둥이 높아지기 때문에 올라갑니다. 깊이에 따라 높아지는 압력의 비율을 계산하면 암석의 공극에 채워져 있는 유체 종류를 추정할 수 있습니다. 저녁이 되어 체중을 측정하면 뱃속이 얼마나 가득한지 알 수 있듯이 압력은 공극 속 유체를 알려 줍니다. 이를 압력 구배◆라 부르며, 깊이에 따라 기울기를 산출하면 위쪽 그래프와 같이 천연가스, 석유, 물(대수층◆이라고도 부릅니다) 층을 구별할 수 있습니다. 여기서 기울기는 압력 변화량을 깊이 변화량으로 나눈 값입니다. 압력 변화만으로 이제 석유가 땅 속 어디에 있는지 알 수 있겠죠?

땅속으로 들어갈수록
올라가는 온도

지구는 땅속 지각에서부터 맨틀, 외핵, 그리고 내핵에 가까워질수록 높은 열에너지를 가지고 있어요. 열은 다양한 원인으로 생기며, 지역적으로 발생하는 에너지의 크기가 다릅니다. 지각에는 맨틀에서 공급하는 열과 지각을 구성하는 암석에 들어 있는 방사성 물질의 붕괴로 발생하는 복사열이 있습니다. 두 가지의 열 공급원을 통해 땅속으로 깊이 들어갈수록 열에너지가 많아져서 온도가 점점 올라갑니다.

지열 에너지는 특정한 지역과 깊이에서 땅이 가진 열을 활용하는 천연 에너지원 중 하나입니다. 우리는 땅속에서 발생하는 자연열을 이용하여 전기를 생성하거나 온수를 만들어 난방에 활용합니다. 온천수처럼 지층 열에너지로 데워진 물을 지표까지 끌어 올려 사용하는 예도 있습니다. 모두 자연이 제공하는 천연 에너지원이죠. 지열은 반복적으로 사용해도 사라지지 않

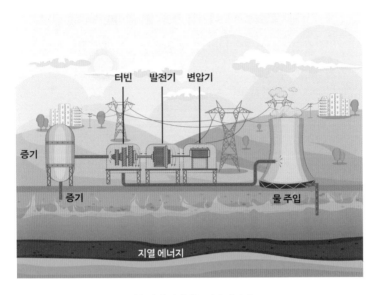

땅속에서 발생하는 지열 에너지

는 재생 에너지 중 하나입니다.

지각에서 나타나는 열에너지를 이해하면 석유가 묻혀 있는 땅속 환경을 예측할 수 있습니다. 지구 정보는 우리가 살고 있는 지표면과 다른 환경 속에 노출된 석유 에너지를 이해하는 데 중요하지요. 일반적으로 지열은 땅속 1킬로미터를 들어가면 25℃씩 높아지는데, 이를 지열 구배◆라고 합니다. 지하의 깊이에 따른 온도 상승률을 말합니다. 여기서 지층의 온도는 유체의 상태에 영향을 미치겠죠. 예를 들어 지하 4킬로미터 아래 온도가 100℃라면 지하수는 모두 수증기로 존재할 거라고 생각할 수

2부 지구과학으로 탐사한 석유 에너지

지열로 데워진 온천수(AI 과학 활용)

있습니다. 물론 땅속 암석들 사이에 수증기로 존재하는 물은 없습니다. 왜 그럴까요? 어떤 힘이 물이 100℃가 되어도 끓지 않게 할까요? 정답은 바로 압력입니다.

땅속과 반대의 상황을 예로 들어 볼게요. 높은 산 정상에서라면 물을 끓이려고 하면 대기압이 낮아 물이 지상에서보다 더 낮은 온도에서 끓어오릅니다. 이런 경우 냄비 위에 무거운 돌을 얹어 놓으라는 이야기를 들은 적이 있을 거예요. 압력이 낮으면 물 분자가 더 쉽게 움직일 수 있어서 지상에서보다 더 낮은 온도에서 끓어오릅니다. 반대로 압력이 높은 땅속은 지상에서보다 더 높게 온도가 올라가야 물이 끓습니다. 실험을 통해 측정한 특성을 확인해 보면 지하 1킬로미터에서 담수 압력 구배로 계산한 압력은 1,476psi이고, 이때 물의 끓는점은 약 300℃입니다. 그러니 땅속 4킬로미터에서 100℃는 끓는점보다 낮아서 물이 기체 상태로 존재하지 않는 거죠.

여기서 한 가지 기억해야 할 점이 있어요. 온도도 압력과 마찬가지로 어느 지역에서나 깊이에 따른 변화가 일정하지 않다는 사실입니다. 석유가 있는 땅속은 같은 깊이에서 100℃ 이상일 수도 있고, 예상보다 낮을 수도 있습니다. 우리는 정확한 정보를 얻기 위해 측정 장비를 넣어 깊이 변화에 따른 온도를 계측해야 합니다. 그렇게 얻은 데이터를 활용해 석유의 상태와 특성을 추측하지요. 빙하에 덮인 북극해에서도 땅속에서 끌어 올린 석유는 지열에 의해 따뜻합니다.

과학과 친해지기

생명과학에는 종의 기원,
지구과학에는 대륙 이동설

생명과학 분야에서 찰스 다윈(Charles Robert Darwin, 1809~1882)이 집필한 《종의 기원》(1859)은 생물을 분류하는

2부 지구과학으로 탐사한 석유 에너지

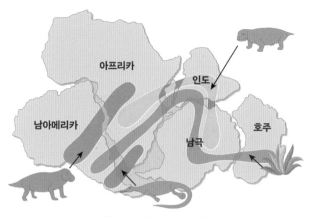

초대륙 판게아를 넘나들던 생명체

가장 기본 단위인 종의 다양성을 중심으로 진화론을 이야기하며 학자들의 이목을 집중시켰습니다. 그는 연구를 통해 진화는 자연선택으로 이루어지며 생존 경쟁에서 살아남아야 자손을 퍼뜨려 진화할 수 있다고 설명했습니다.

지구과학 분야에서 이에 대응할 만한 이론을 꼽자면, 1912년 알프레트 베게너(Alfred Lothar Wegener, 1880~1930)가 주창한 대륙 이동설이 있습니다. 대륙이 이동한다는 연구는 1960년대 와서 판구조론으로 정립되었습니다. 이론에 따르면 지구 맨틀의 대류에 의해 지각과 맨틀의 상부로 이루어진 여러 개의 판(암석권)이 이동합니다. 판과 판이 만나는 경계면인 수렴경계, 발산경계, 보존경계에서 지진, 화산 폭발, 단층운동 등 지각 운동이 발생합니다. 지구 지각에는 2억 년 전 하나의 거대한 초대륙 판게아가 있었습니다. 판게아가 7개 대륙으로 갈라지고 이동하면서 오늘날 지구의 모습이 만들어졌습니다.

두 이론은 각 분야에서 혁신적인 생각이었지만 강한 반대에도 부딪혔습니다. 하지만 그들의 연구 결과는 오늘날 과학 발전에 빼놓을 수 없는 공헌을 했습니다. 올바른 탐구를 통한 발견은 현상을 직관적으로 관찰하는 기본자세를 수반해야 이루어집니다.

3 | 석유는 어떻게 만들어질까?

암석의 물리적 성질
석유가 흐르는 땅속의 특징
빈 공간 속 석유가 흐르는 길
석유, 가스가 공존할 때 알아 두어야 할 특성

암석은 크게 세 가지로 분류됩니다. 작은 입자의 광물들이 퇴적하여 형성되는 퇴적암, 용암이 식어서 이루어지는 화산암과 높은 압력과 온도에 의해 변형된 변성암이 있습니다. 같은 과일이라 하더라도 배, 사과, 귤이 다르듯이, 암석 역시 서로 다른 특성이 있는데요. 암석이 형성된 환경과 광물 결정을 이루는 물질에 따라 각기 다른 특징이 나타납니다. 암석은 하나의 결정체 또는 비결정체로 형성되어 있거나 작은 광물들의 집합체를 가리킵니다. 야외나 산에서 보는 커다란 돌멩이, 납작한 물수제비 돌멩이도 암석입니다. 그렇다면 이 중에서 어떤 암석이 석유를 품고 있을까요?

전 세계적으로 석유는 여러 암석 중 퇴적암에 가장 많이 매장되어 있습니다. 퇴적암이 갖는 특성이 석유나 천연가스를 땅속에 담아 놓는 데 뛰어나기 때문입니다. 석유가 선택한 퇴적암은 어떤 성질이 있기에 땅속 석유를 가둬 놓을 수 있을까요? 석유를 알기 위해 먼저 땅속 암석의 특성부터 알아보겠습니다.

퇴적암 종류는 암석을 이루는 광물 입자 크기에 따른 분류, 생성 기원에 따른 분류, 구성 성분에 따른 분류 등 목적에 따라 다양하게 나눌 수 있습니다. 모두 같이 2010년에 태어났다 하더라도 알파세대, 학생, 청소년 등으로 나누어 부를 수 있는 이유와 같습니다. 개별 분류에 따라 종류도 많습니다. 다양한 퇴적암의 일반적인 물리적 성질을 살펴보면 석유가 스며 들어가 지하에 숨어 있기 좋은 장소로서 공통된 물성을 지니고 있습니다. 아래 표는 암석을 구성하는 광물의 입자 크기에 따른 분류입니다.

석유 에너지를 탐구하기 위해 암석에 대한 분류가 하나 더

분류 기준	암석 이름			
입자 크기	크다 ←————————→			작다
암석	역암	사암	셰일	이암

입자 크기에 따른 암석 분류표

　　　　　　　　2부 지구과학으로 탐사한 석유 에너지

있습니다. 암석은 석유를 중심으로 붙여진 이름으로 근원암, 저류암, 덮개암으로 나눌 수 있습니다. 석유가 매장된 저류암이 분포된 지층을 저류층◆이라고도 합니다. '저류층 모식도'는 땅속 암석에 석유가 생성되어 이동하고 매장된 모습을 담은 형상입니다. 세 가지 암석 중 어느 하나가 없어도 석유는 존재할 수 없으므로 모두 필수 요소입니다.

석유 자원을 설명하기 위한
암석 분류

궁금했던 탄화수소의 비밀이 하나씩 풀리고 있습니다. 이 장에서는 지구가 선물한 천연 에너지원을 품고 있는 암석의 몰랐던 성질을 살펴봅니다. 돌멩이로만

암석 이름	정의
근원암◆	탄화수소의 기원 물질인 유기물 함량이 풍부하여 열적 성숙 과정을 거쳐 석유 및 천연가스를 생성하는 암석
저류암◆	지층 내 공극에 탄화수소 혼합물을 집적하고 있는 암석
덮개암◆	저류암에 매장된 탄화수소 혼합물이 상부 지층 또는 지표로 새어 나가지 못하도록 비투과성 성질을 갖는 치밀 암석

석유 자원을 설명하기 위한 암석 분류

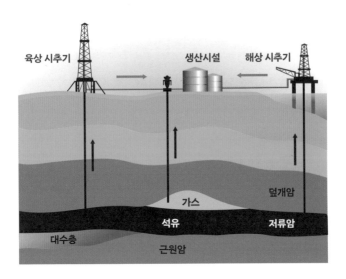

육상 시추기　　생산시설　해상 시추기

덮개암

가스

석유　　　　　저류암

대수층

근원암

저류층 모식도

알고 있던 암석을 자세히 관찰해 봐요. 지구과학이 알려 주는 이
야기를 들어볼 차례입니다. 석유뿐 아니라 가스가 함께 들어 있
는 암석에서 두 종류의 유체가 어떻게 움직이는지 예측해 볼 수
있습니다. 땅속에는 석유, 천연가스, 물뿐 아니라 이산화탄소,
수소 등 다양한 성분의 유체◆가 있습니다. 유체가 어떻게 흐르
는지 이해하기 위해 알아야 할 암석의 특성을 들여다봅시다.

암석에 구멍이 있다

현미경으로 암석을 이루는 광물 입자를 자세히 관찰해 보면 제각각 다양한 모습입니다. 맨눈으로는 보이지 않는 작은 입자를 확대해 보면 신비로운 구조가 보입니다. 하얀 눈의 결정구조처럼 흥미롭습니다. 광물이 보이는 규칙적인 겉모양인 결정형 또는 불규칙적인 비결정형 구조가 특징적으로 나타나기 때문입니다. 결정구조◆는 광물마다 달라서 다른 광물과 구별되는 고유한 특징입니다. 해변에서 모래를 손바닥 위에 올려 살펴보면 투명한 육각기둥 모양의 석영부터 검은색 얇은 육각 판 모양의 흑운모, 흰색 두꺼운 판 모양의 장석까지 여러 종류의 광물을 쉽게 찾아볼 수 있습니다. 모래를 엄지와 검지 사이에 놓고 문지르듯 만져 보면 작은 알갱이 모양이 느껴집니다. 모가 난 듯 날카로운 부분, 넓은 판을 만지듯 평평한 부분과 둥글둥글한 겉모양을 갖는 광물도 있습니다. 이러한 모양을 광물의 물리적 특성이라고 합니다.

석유가 주로 발견된 지층은 오랜 시간 많은 광물 또는 암석이 쌓이고 퇴적하면서 형성되었습니다. 광물들은 땅에 쌓이면서 ① 가지런히 배열되기도 하고, ② 비슷한 크기의 입자만 모이기도 합니다. ③ 성질이 비슷한 광물들로 이루어지기도 하고 ④ 광물과 암석 또는 광물과 광물 입자 사이에 탄산석회, 규산, 산화철 등의 물질이 채워져 딱딱한 고체로 굳어지기도 합니다. 이

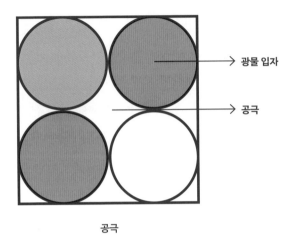

광물 입자

공극

공극

를 고결작용이라고 합니다. 지층을 이루는 ⑤ 입자는 클 수도 있고 작을 수도 있습니다. 마치 아이들 방 서랍장에 여러 가지 장난감이 담긴 모습과 비슷합니다. 퇴적물을 이루는 구성 요소들은 퇴적작용과 퇴적 환경에 따라서 변하며, 지층을 이루는 퇴적물의 조직 성분에 따라 입자와 입자 사이에 나타나는 빈 공간인 공극◆의 크기, 분포도, 연결성에 영향을 미칩니다.

　광물 알갱이들은 퇴적될 때 테트리스 게임처럼 빈틈없이 쌓이는 이상적인 모습이 아니라 작은 공극이 군데군데 생깁니다. 공극의 크기는 평균적으로 입자 크기보다 작지만 다양한 크기로 암석 안에 분포하죠. 지층은 오랜 시간 눌리고 굳어지면서 공극의 크기와 모양이 변하거나 서로 연결되기도 하고 분리되기도 합니다. 석유가 매장된 땅속 암석이 갖는 특성입니다. 이때 전체 암석에서 차지하는 공극의 비율을 공극률◆이라 부릅니다. 공극률은 일정 공간의 전체 부피 중 채워지지 않은 빈 곳에 대한 비율입니다. 공극은 밥그릇 같습니다. 클수록 밥을 많이 담아 먹을 수 있습니다.

공극률이 높을수록 많은 양의 석유가 지층에 묻혀 있을 가능성이 크다는 의미입니다. 석유가 많은 대형 유전을 발견했다고 하면 공극률이 클 확률이 높습니다.

일반적으로 석유를 생산하는 땅속의 공극률은 10~30%까지 폭넓습니다. 통계상의 범위보다 더 크거나 작을 수도 있습니다. 공극이 클수록 석유가 있는 지층의 품질이 좋다고 평가합니다. 물론 공극을 육안으로 확인할 수는 없습니다. 공극의 크기는 마이크로미터(㎛) 단위로 매우 작기 때문에 일반적인 방법으로는 쉽게 볼 수 없습니다. 그래서 암석의 얇은 단면(박편)을 만들어 편광현미경이나 X-ray를 이용해 관찰합니다.

아르키메데스의 원리로 찾는 공극

단단한 돌멩이 속 빈 공간의 부피를 측정하는 방법은 다양합니다. 첫 번째는 아르키메데스의 원리를 이용하는 기법입니다. 아르키메데스는 목욕탕 욕조에 몸을 담갔을 때 물이 넘치는 현상을 보고, 부력을 통해 부피를 측정하는 방법을 발견하며 '유레카!'를 외쳤다고 전해집니다. 돌멩이 전체를 물속에 넣어 부피를 측정(전체 암석의 부피)하고, 공극 사이로 채워지는 물의 양(공극의 부피)을 기록함으로써 암석의 공극률을 산정합니다. 두 번째는 돌멩이를 파쇄하여 개별 알갱이 부피를 측정하고 전체에서 공극이 차지하는 부피를 역으로 계산합니다. 세 번째는 돌멩이 단면을 얇게 잘라내어 편광현미경으로 암석 중 대표되는 구역을 측정하여 전체 암석의 공극률을 추산하는 방법입니다.

공극은 서로 연결된 유효공극과 광물 입자들 사이에 격리된 공극을 포함하는 절대공극으로 분류합니다. 두 가지를 구분하는 이유는 격리된 공극 안에 갇힌 석유는 공극으로부터 빠져나올 수 없어 생산에 도움을 주지 못하기 때문입니다. 육지와 다리가 연결되어 있지 않은 섬에 홀로 남겨진 상황입니다. 아무리 열심히 도로를 달려도 차는 섬을 벗어날 수 없습니다.

물은 암석을
통과할 수 있을까?

산이나 바닷가 절벽에 보이는 돌멩이는 빈틈없이 단단해 보입니다. 주먹으로 세게 친다면 아무리 태권도를 잘해도 손이 온전하지 못할 것 같습니다. 그런데도 퇴적암을 이루는 입자들 사이에는 앞서 설명한 공극이 존재합니다. 수많은 공극은 서로 연결되어 있거나 고립된 형태를 보이죠. 연결된 공극은 마치 작은 미세관처럼 꼬불꼬불한 통로가 있으며 암석층의 한쪽 끝에서 다른 쪽 끝까지 이어지기도 합니다.

공극 안을 채우고 있는 물(유체)은 미세관 통로를 따라 이동할 수 있습니다. 유체를 이어 주는 공극을 따라서 움직입니다. 겉으로 보기에는 단단한 퇴적암이지만 석유나 물이 흘러 지나갈 수 있는 길이 있어서 땅속에 매장된 석유를 우리가 사용할 수 있도록 땅 위로 끌어 올릴 수 있습니다. 암석의 공극을 따라 유체가 이동하는 능력을 투과율◆이라고 표현합니다.

1856년 프랑스 공학자 앙리 다르시(Henry Darcy, 1803~1858)는 실험을 통해 암석 시료와 같은 다공질 매질 안에서 물이 흐르는 현상을 묘사하며 투과율 개념을 제안한 학자입니다. 암석 고유의 물리적 성질 중 하나입니다.

투과율이 높으면 지층을 따라 흐르는 유체의 속도가 빠르고, 반대로 투과율이 낮으면 지층을 통과하는 데 더 오래 걸립니

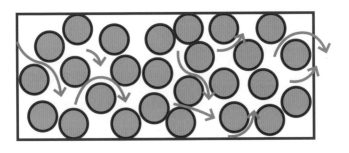

유체가 암석(다공질 매질)을 투과하는 모습

다. 예를 들면 모래사장에 만들어 놓은 성안에 물을 부으면 순식
간에 스며들 듯 사라져 버리는 건 모래층의 투과율이 높기 때문
이죠. 반면에 콘크리트 바닥에 물을 뿌리면 물이 흡수되지 못하
고 오랫동안 고여 있는 이유는 콘크리트의 투과율이 낮아서입
니다. 암석은 보편적으로 공극률이 크면 투과율이 증가하는 상
관관계가 있습니다. 입자들 사이의 빈 공간이 클수록 연결된 미
세관 통로의 크기 또한 커질 수 있기 때문입니다. '유체가 암석
(다공질 매질)을 투과하는 모습'은 땅속에서 똑같은 광물 입자로
만 형성된 암석에 물이 뚫고 지나가는 모습을 입체적으로 그린
그림입니다. 실제는 더 복잡하고 작은 미세관 통로가 불규칙하
게 이루어져 있지만, 투과율을 쉽게 이해할 수 있게 단순화해서
그렸습니다.

　땅속에서 석유가 암석을 통과하여 흐르게 하는 힘은 무엇

일까요? 이 원리는 산속 높은 계곡에서 시작된 물이 낮은 곳으로 흐르며 하천과 합쳐지는 과정과 비슷합니다. 물이 높은 곳에서 낮은 곳으로 흐르는 것은 위치 에너지에 따른 자연스러운 현상입니다. 물이 위치한 높이를 수압이라고 하며, 높은 계곡에 있는 물은 낮은 곳보다 위치 에너지가 크다는 의미입니다. 즉, 물은 압력이 높은 곳에서 낮은 곳으로 흐르며, 이 원리는 압력 차이에 의해 유체가 이동하는 힘을 만들어 냅니다. 계곡물이 흐르는 원리와 마찬가지로 땅속에 있는 석유도 지표의 물처럼 압력 차가 발생하면 압력이 높은 곳에서 낮은 곳으로 암석을 통과하면서 흐릅니다.

과학과 친해지기

물은 모든 암석을 통과할 수 있을까?

정답부터 말하면, '아니요'입니다. 암석에 따라서 공극이 적거나 공극 간 연결된 통로가 작을 수 있습니다. 퇴적 이후 높은 압력에 의해 많이 다져져서 암석의 입자들이 치밀하게 형성된 변성암이나 퇴적물 입자 크기가 작은 셰일로 형성된 지층은 물이나 가스와 같은 유체가 통과하기 힘듭니다. 출근 시간대 만원 지하철에서 사람들을 뚫고 열차 끝까지 나아갈 수 없는 상황과 같습니다. 결정구조를 갖는 탄산염암, 암염과 같은 광물도 매우 작은 공극으로 이루어져 있어 석유 같은 유체가 자연 상태에서는 통과하지 못하거나 암석 내에서 흐를 수 없습니다. 따라서 땅속 지층은 유체가 흐를 수 있는 암석과 그렇지 못한 암석으로 나뉩니다.

땅속에 공존하는 석유, 가스, 물

땅속 지층은 지하수가 흐르는 지층처럼 물만 있을 수도 있으나 물과 함께 석유나 가스가 공존할 수 있습니다. 여기서 물과 석유는 액체 상태이고, 가스는 기체 상태입니다. 액체와 기체는 상태가 서로 다른 만큼 물과 수증기처럼 같은 물질이라도 상태가 변하면 물리적 성질이 달라집니다. 같은 액체라도 석유와 물처럼 서로 섞이지 않는 경우가 있습니다. 물의 극성 분자와 석유의 무극성 분자라는 화학적 특성 때문입니다. 따라서 암석 내 공극 안에 두 개 이상의 비(非)혼합성 유체◆가 공존한다면 유체와 암석 간, 그리고 유체와 유체 간 경계에서 어떤 일이 일어나는지를 이해하는 접근이 중요합니다. 이것은 마치 한집에서 함께 생활하는 가족이 서로의 생활

방식과 공간을 존중할 때 더 화목하게 지낼 수 있는 이치와 같은 원리입니다.

첫 번째로 암석을 이루는 광물 입자에 흡착하는 정도를 나타내는 습윤성◆이 있습니다. 습윤성 유체는 물질의 표면에 닿으면 넓게 퍼지면서 물체의 표면을 감싸는 특성이 있습니다. 반대로 비(非)습윤성 유체를 같은 물질에 떨어트리면 동그랗게 방울을 형성하며 유체 스스로 형상을 이룹니다. 실험으로 관찰해 보면 유체가 접촉면과 이루는 접촉 각이 90도보다 작으면 습윤성이라 정의하고, 90도보다 크면 비습윤성으로 구분합니다. 아침마다 바르는 로션과 스킨은 피부를 감싸 흡수되니 우리 몸에 습윤성을 가집니다.

물방울을 종이에 떨어뜨렸을 때와 기름종이 위에 떨어뜨렸을 때 보이는 모습은 각 물질에 대해 물의 습윤성과 비습윤성 특징을 대표적으로 보여 줍니다. 일반 종이에는 물이 넓게 퍼지며 스며들 듯하는 습윤성 모습을 보이지만 기름종이에 떨어뜨린 물

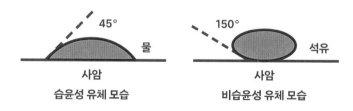

유체에 따른 매질의 습윤성 성질

은 가장자리에 동그랗게 뭉쳐지는 비습윤성 모습을 나타냅니다.

암석은 물이 흡착하는 성질이 높은 친수성인 경우가 많으나 늘 그렇다고 할 수는 없습니다. 물보다는 석유를 흡착하려는 특성이 있는 친유성 광물도 있기 때문입니다. 따라서 우리는 땅속의 암석을 채취하여 실험을 통해 특성을 살펴봐야 합니다. 실험은 해당 암석 표면 위에 실험 유체를 스포이드로 한 방울 떨어뜨려서 생기는 접촉 각을 측정하여 확인합니다. 알레르기 검사를 위해 약품을 팔에 떨어트려 보는 실험과 유사합니다.

두 번째로 습윤성 유체와 비습윤성 유체 사이에 작용하는 힘의 차이인 모세관압◆이 있습니다. 암석 내 공극에 대해 물이 습윤성 유체라면, 반대로 석유는 비습윤성 유체로 작용합니다. 이때 두 유체는 작은 공극 통로(모세관)에서 서로 접촉하며 밀어내는 힘의 차이를 만들게 됩니다. 모세관압은 공극 통로가 작을수록 더 커지는데, 이는 물이 작은 틈에서 더 강하게 끌려 들어가는 성질을 가지고 있기 때문입니다. 모세관압은 지층 암석의 광물 입자 크기, 공극의 크기, 암석 종류에 따라 결정됩니다. 모세관압이 '0'이라는 것은 하나의 유체가 공극을 100% 채우고 있으며 다른 유체와의 경계가 존재하지 않는 상태를 의미합니다. 이처럼 두 유체 간에 영향을 주는 힘의 차이를 이해해야만 땅속에서 석유, 가스, 물이 공존한 상태에서 유체가 어떤 힘으로 움직이는지 알 수 있습니다. 암석의 특성 중 두 가지 이상의 유체가 공존할 때 알아 두어야 하는 성질입니다.

무엇이 더 빠를까?

　　　　　　　　　　똑같은 부피의 석유, 가스, 물을
병에 담아서 들어 보면 무엇이 가장 무거울까요? 직접 들어 보
지 않아도 가스는 분명 풍선처럼 가벼우리라 예상할 수 있습니
다. 기름은 물 위에 뜨는 현상을 미루어 비록 무거워 보이는 검
은색 석유지만 물보다는 가볍게 들 수 있을 것 같습니다. 우리는
이와 같은 가정에 관한 결과를 세 가지 유체의 밀도 차이를 보고
쉽게 예측할 수 있습니다. 밀도는 표준 상태의 온도·압력 조건
에서 물질의 단위 부피당 질량이며, 이 차이는 같은 부피를 가진
유체의 무게 차이이기 때문입니다. 부드러운 카스테라 빵과 묵
직한 인절미 떡처럼 물질마다 밀도가 다릅니다. 그렇다면 이 유
체들은 땅속 암석 속에서 어떻게 움직일까요? 같은 압력으로 유
체를 밀어 주면 무엇이 더 빠르게 흐를까요? 이 질문은 석유가
매장된 땅속 지층의 특성을 알기 위해서 필요한 내용입니다.

　　기름과 물처럼 두 가지 이상의 혼합되지 않는 물질이 암석
공극 안에서 흐를 때는 개별 유체의 특성과 함께 상대적인 물리
적 현상을 이해해야 합니다. 이런 조건을 다상유체라 부르며, 여
러 유체가 있을 땐 과학자 다르시가 정의한 투과율을 확장하여

유효 투과율에 관한 이론이 필요합니다. 유체가 암석의 공극을 지나면서 나타내는 영향뿐만 아니라 서로 다른 유체와 유체 사이 접촉하는 면에서 작용하는 힘을 밝혀야 하기 때문입니다. 유효 투과율은 유체 간에 작용하는 영향에 따른 각 유체의 투과율을 가리키는데, 유체마다 다른 유체에 상대적으로 보이는 특성에 차이가 있습니다. 여기서 한 걸음 더 나아가 보면, 물-석유가 흐를 때, 물-가스가 흐를 때, 석유-가스가 흐를 때 갖는 성질을 알아야만 땅속에서 석유가 어떻게 흐르는지 정확히 알 수 있습니다. 유체 흐름은 상대적으로 나타내는 특징이 있으며, 이를 상대 투과율◆이라 합니다. 투과율은 달리기 속도와 유사합니다. 좁은 복도에서 성인과 어린이가 함께 뛴다면 상대적인 차이를 알 수 있습니다.

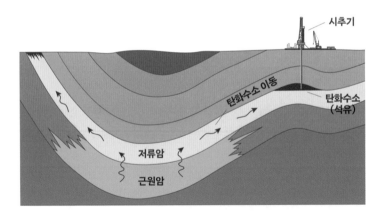

근원암에서 생성된 탄화수소가 저류암으로 이동하는 모습

2부 지구과학으로 탐사한 석유 에너지

석유는 유기물이 풍부한 암석(근원암)에서 생성되어 공극이 많은 지층(저류암)으로 이동합니다. 더 이상 상부로 이동할 수 없도록 투과율이 낮은 치밀한 암석(덮개암)을 만나면 그 아래에 집적하지요. 헬륨이 가득 찬 풍선이 하늘로 오르다 나무에 걸려 잡힌 모습입니다. 이동한 탄화수소는 공극에 자리 잡고 있었던 물을 밀어내면서 채워집니다. 물론 광물 표면에 흡착된 물을 모두 밀어내지 못하기 때문에 항상 두 가지 이상의 유체가 땅속에 함께 존재합니다. 여기서 유체는 물과 석유 또는 물과 가스입니다. 따라서 상대 투과율은 석유가 부존하는 암석에 대한 특성 중 여러 유체의 흐름을 이해하기 위한 정보입니다.

땅속 환경에 따라
영향을 받는다

'석유, 가스, 물 중에 무엇이 더 빠를까?'라는 질문에 답할 준비가 되었나요? 아직 부족한 부분이 하나 있습니다. 그것은 세 가지 유체의 속도를 측정하기 위한 조건입니다. 늘 가정을 정확히 제시하지 않으면 올바르지 않은 답이 나올 수 있기 때문에 속도를 측정하기 위한 조건이 명확해야 합니다. 먼저, 땅속 저류층에는 석유, 가스, 물이 공존하지만, 무엇이 얼마만큼 있는지 그 상태는 다양합니다. 예를 들어 물이

99% 이상이고 석유와 가스가 나머지 1%를 차지한다면 당연히 물이 빠릅니다. 공극을 채우고 있는 물 분자들은 암석 내 통로를 통과하도록 서로 끌어당기는 힘이 작용하기 때문입니다. 세 가지 유체가 33.3%씩 동일하게 혼합해 있다면 분자의 운동이 더 활발한 가스 〉 석유 〉 물 순서대로 빠르게 흐릅니다. 이러한 조건에서 유체들이 갖는 상대 투과율은 실제 암석 시료를 사용하여 실험을 통해 측정합니다. 실험실에서 얻은 데이터는 석유가 실제 지층에서 어떤 방식으로 이동하는지 이해하는 데 도움을 주며, 다양한 환경에서 어떤 영향을 미치는지를 분석하는 데 사용됩니다.

과학과 친해지기

탄소 배출을 줄이기 위한 노력

기후 변화에 대응하기 위해 한국을 포함하여 전 세계 194개국이 합의한 파리협약(2015)은 화석 연료 시대를 살아가는 우리에게 중요한 발자국이 되었습니다. 지구의 기온 상승을 산업화 시대 이전 대비 1.5℃ 이하로 유지하겠다는 합의는 탄소 순배출량을 2050년까지 '0(Zero)'로 하겠다는 G20 국가들의 탄소 중립(Net Zero) 목표로 이어졌습니다. 이를 달성하기 위해 국가들은 온실가스 배출을 줄이는 방법을 찾고 있습니다. 발전소 연료를 석탄이나 석유에서 천연가스로 전환하는 작업도 환경을 생각한 새로운 전략입니다.

에너지 전환은 천연가스♦의 몇 가지 특별한 특성 때문입니다. 먼저 주성분이 메테인으로 이루어진 천연가스는 연소 조건(연소 물질, 발화점 이상의 온도, 산소)이 갖추어졌다면 완전연소에 가까워 온실가스 배출량이 적습니다. 분진이나 미세먼지 발생량도 석탄이나 석유에 비해 현저히 낮지요. 천연가스는 이러한 성질 때문에 화석 연료임에도 상대적으로 친환경 에너지원으로 2020년대에 들어서면서 유럽을 포함한 많은 나라의 주목을 끌었고 석유의 대체 에너지로 선택받고 있습니다.

유체♦는 지층에서 어디로든 잘 흐를까?

지층은 작은 암석 조각이나 광물 입자가 쌓여 만들어집니다. 작은 입자의 모양은 납작하기도 하고 모퉁이에 모가 나 있거나 풍화와 침식을 많이 받아 둥근 형태를 띠기도 합니다. 다양한 모양의 입자들은 보통 퇴적할 때 접촉 면적이 많은 부분이 아래에 닿으면서 안정된 형태로 침전합니다. 우리가 밤에 잠을 잘 때 똑바로 눕거나 옆으로 구부려서 자는 자세와 비슷합니다. 퇴적층을 위에서 내려다보면 입자들이 위아래 방향으로는 넓게 퍼져 있고, 좌우나 앞뒤로는 좁게 놓여 있는 걸 볼 수 있습니다.

광물 입자를 통과해야 하는 유체는 수직 방향인 위아래보다 수평 방향으로 흐를 때 방해를 덜 받습니다. 판상형 결정체를 갖는 광물은 수평 방향 대비 수직 방향으로 유체가 흐르는 정도를 나타내는 투과율이 상대적으로 낮습니다. 방향에 따라 물리적 성질이 다른 걸 이방성◆이라 합니다. 하지만 구형 형태를 보이는 입자는 어떤 방향으로든 유사한 접촉면을 나타내기 때문에 방향에 상관없이 같은 투과율(등방성)◆을 보입니다. 지층의 방향에 따라 다른 성질을 가리켜 투과율의 방향성이라 합니다.

땅속에 있는 지층은 광물 입자들이 쌓이는 방향뿐만 아니라, 지층 전체가 '구조운동◆'이라는 커다란 변화를 겪으면서 기울어지는 각도도 물이나 기름이 얼마나 잘 흐르는지(투과율)에 영향을 줍니다. 구조운동은 지층이나 암석이 쭈글쭈글 접히거나 부서지면서 변하는 걸 말합니다. 사례를 살펴보면, 원래 수평으로 쌓여서 좌우로 물이 잘 흐르던 퇴적암이 지구 속에서 세게 눌리거나(압축력) 밀려 올라가면서(융기) 기울어질 수 있어요. 심지어 역단층이라는 갈라진 틈이 생기면서 쌓였던 입자들이 위쪽으로 기울어질 때도 있어요. 마치 샌드위치를 손으로 꾹 눌러

　　　　　2부 지구과학으로 탐사한 석유 에너지

서 빵이 삐뚤어지는 모습처럼 지구판이 움직이면서 힘을 주면 지층이 올라가거나(융기) 내려가기도(침강) 합니다. 이런 구조운동은 넓은 범위에서 광역적으로 일어나는 지각 변화입니다. 그래서 원래 퇴적될 때의 암석 입자 방향을 전환시킵니다. 투과율은 최초에 퇴적된 입자 방향에 따라 늘 결정되지는 않습니다. 따라서 석유가 매장된 지층이 형성될 당시의 퇴적 환경과 구조운동에 대한 조사가 필요합니다.

석유는 보편적으로 지층의 수평 방향으로 더 잘 흐릅니다. 투과율을 비교해 보면 수직보다 수평 방향이 10배 이상 높습니다. 퇴적작용에서 발생하는 암석의 물리적 특성 때문입니다. 암석 내에 이동하는 석유는 지층의 수평 방향으로 더 빠르게 이동하고 수직 상부 방향으로 이동은 느리거나 제한적인 경우가 있습니다. 물론 퇴적 환경이 워낙 다양해 하나로 단일화할 수 없어서 과학을 통해 배우는 이론을 바로 적용하기에 어려움이 있습니다. 실제 자연 현상의 다양성은 교과서에서 배우는 내용에 더해 고차원적인 복잡성이 담겨 있습니다. 1차원(선)에서 출발한 이론식은 2차원(면), 3차원(입체도형), 4차원(시간 변화)으로 확장하며 차이가 있을 수 있습니다. 때로는 현상을 단순화하여 하나의 경험식으로 표현하기도 합니다. 단순화와 가정은 분명 석유가 매장되어 있는 자연을 이해하는 데는 도움이 되지만 이론과 실제 현상 간의 차이로 인해 오차를 남기기도 합니다. 동남아시아 관광지에서 찍은 풍경 사진에 그곳이 얼마나 더운지까지 담을 수 없는 안타까운 현실과 같습니다.

우리는 지하 깊은 곳에 흐르는 석유를 땅 위에서 알아내려고 합니다. 그중 다공질 매질인 암석의 물성을 먼저 밝혀서 유체가 어떤 영향을 받는지 알아보았습니다. 땅속의 높은 온도와 압력, 그리고 암석의 특성을 융합해 보면 지구 시스템과 자연의 구성 물질, 규칙성을 이해할 수 있습니다.

4 | 천연자원 석유는 무한할까?

석유 자원량 정의
매장량이 되는 조건
저류층 크기를 산정하는 방법
기준을 표준화하여 사용하는 이유

천연자원 석유는 땅속에 얼마나 매장되어 있을까요? 궁금합니다. 이 질문의 답은 간단한 수학으로 알 수 있습니다. 수학에서 도형을 사용하여 땅속에 있는 석유의 양을 계산할 수 있습니다. 하지만 여기에는 몇 가지 풀어야 할 문제가 있습니다. 바로 석유의 양을 어떻게 정의하는가에 관한 문제입니다. 탄화수소 혼합물(석유 또는 천연가스)은 우리가 사는 지표에 노출되어 있지 않기 때문에 그 양을 직접 측정하지 못합니다. 석유 자원량은 정확한 참값을 알 수 없습니다. 밭에 묻혀 있는 뿌리식물 고구마가 땅속에서 몇 개가 자라고 있는지 모르는 농부와 같습니다. 그렇다면 땅속에 석유가 얼마큼 있는지 짐작이라도 하려면 무엇을 알아야 할까요?

우리는 눈에 보이지 않는 무언가를 추측할 때 다양한 상상력을 동원합니다. 크기를 가늠해 보고, 모양을 생각해 보고, 어떤 물체와 유사한지 비교도 해 봅니다. 스무고개를 넘어가며 답을 찾는 문제처럼 땅을 모조리 파내어 확인할 수 없는 석유는 지표에서 얻는 다양한 데이터로 매장량을 추정합니다. 그중 탄성파 자료◆는 땅속 지층의 모양, 크기, 암석 공극에 있는 유체 종류를 가늠할 수 있는 데이터를 제공합니다. 탄성파는 외부에서 가해지는 힘에 의해 탄성이 있는 물체에 진동이 퍼져 나가는 파동을 말합니다. 지진의 파동과 같이 암석의 물리적 특성에 따라 퍼져 나가 속도와 매질이 다른 해저면, 사암층과 탄산염암층 등과 같은 경계면에서 반사되어 나오는 성질을 이용합니다. 선물 상자를 두들겨서 들려오는 소리로 안에 무엇이 들었는지를 짐작하는 놀이와 같습니다.

반사되어 나오는 파장을 지표에서 수신기로 측정하여 석유가 매장되어 있는 지하 저류층의 모습을 그립니다. 해석된 탄성파 자료는 실제로 볼 수 없는 땅속에 대해 많은 것을 알려 주지요. 그리고 여기서 얻은 데이터는 땅속을 입체적으로 보여 주며 석유가 매장되어 있을 것으로 추정되는 위치와 크기를 알려 줍니다. 얼마큼 석유가 묻혀 있는지 계산할 수 있는 정보이지요.

육상 유전에서 **석유를 뽑아내는 시설**

이 장에서는 석유와 천연가스◆의 양을 표현하는 정의는 어떻게 나뉘어 있고, 분류하는 기준은 무엇인지 알아볼게요. 어떤 기준을 정하는 약속도 중요하지만, 왜 그런 기준이 필요한지도 함께 생각해 봐요. 이 과정은 마치 오랜 옛날 깊은 바다에 가라앉은 보물선을 찾는 탐험보다 더 중요한 일입니다. 천연자원은 지구가 인류에게 선물한 에너지원이고 우리는 석유를 중심으로 에너지 시스템을 만들어 사용하고 있기 때문입니다. 지금부터 석유가 얼마나 매장되어 있는지 자세히 알아볼까요?

원시부존량, 자원량과
매장량의 차이

석유의 양은 여러 이름으로 불립니다. 원시부존량, 자원량 그리고 매장량이라는 명칭이 있습니다. 마치 파스타에도 펜네와 스파게티처럼 각각 다른 이름이 있고, 의미하는 정의가 다르듯이요. 이름이 하나가 아닌 이유는 땅속에 있는 석유의 양을 명확히 산정할 수 없어서 분류 체계에 따라 기준을 정해야 하기 때문입니다.

몇 가지 간단한 용어를 살펴볼게요. 땅속 지층 중 석유가 집적해 있는 저류층◆의 모습을 구조◆라고 분류합니다. 바가지를 뒤엎어 놓은 모습이 많습니다. 구조는 일정량의 석유가 채워졌을 거로 추정하는 곳이며 석유가 존재한다는 사실을 확인하고 나면 액체 석유는 유전, 천연가스◆는 가스전이라 불립니다. 유전과 가스전은 때론 석유를 생산하는 하나 이상의 구조가 땅속에 존재하는 지역입니다. 고구마밭에 고구마가 많이 자라듯 사막이나 해상에 위치한 석유개발 현장은 규모에 따라 하나 또는 여러 구조에서 석유를 생산합니다.

다음으로 소개하는 용어는 석유 자원량◆입니다. 이미 생산했거나 땅속 저류층에 묻혀 있는 모든 석유를 가리키는 광범위한 이름입니다. 여기까지 몸풀기를 했으니 본격적인 석유의 양에 대해 알아볼게요.

첫 번째로 원시부존량◆은 땅속 암석의 공극에 처음으로 채워진 탄화수소 혼합물의 총량을 일컫습니다. 석유는 땅속의 광물 입자 사이 빈 공간으로 모여서 쌓입니다. 물이 있던 공극이 석유로 대체되면서 지층의 구조가 모두 채워지는데 이때 채굴하기 전 지층에 있는 석유의 총량을 원시부존량◆이라 부릅니다. 땅속에 석유가 쌓여 있을 거라고 예상되는 구조는 탐사를 시작하거나 처음 발견했을 때 전체 양을 계산할 수 있습니다. 산출된 원시부존량은 땅속에 처음부터 묻혀 있는 석유의 양을 측정해서 나온 숫자입니다. 예를 들어, 고구마밭에서 고구마를 캐기 전에 '여기 고구마가 몇 개쯤 있을 거야' 하고 짐작하는 과정과 비슷합니다.

두 번째로 자원량◆의 정의는 원시부존량에서 출발합니다. 땅속에 석유가 묻혀 있을 것으로 짐작되는 구조가 있다고 가정

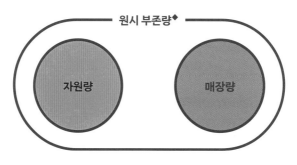

석유 자원량◆ 용어의 구분

해 봅시다. 이 구조에 실제 석유가 있는지 없는지를 확인하기 위해 석유 회사는 시추◆라는 작업을 합니다. 시추는 작은 파이프와 암석을 깨부수는 시추 장비를 이용하여 석유가 있다고 예상하는 지점(깊이)까지 안전하게 뚫고 내려가는 작업입니다.

석유를 찾아 탐사하는 회사는 이러한 시추를 이용해 석유가 있는지 없는지를 확인합니다. 시추로 직접 확인하기 전까지 예상하는 석유의 양을 예비자원량◆이라고 합니다. 자원량◆이라는 의미에는 석유가 있을 것으로 추정하는 구조에 채워져 있

생산 장비로 석유를 생산하는 모습

2부 지구과학으로 탐사한 석유 에너지

는 원시부존량 중에서 땅 위로 뽑아낼 수 있는 양만을 가리킵니다. 석유가 어디에 있는지 찾아도 모두 땅 위로 끌어 올리지는 못합니다. 심도가 깊은 지층에 로봇이 들어가도 전부 채굴할 수는 없습니다. 그 이유는 다음과 같습니다.

① 공극과 공극이 연결되어 있지 않은 고립된 공극 안에 갇혀 있는 석유
② 광물 표면에 흡착되어 흐르지 않는 석유
③ 생산하는 지점과 멀리 떨어져 있어 회수 불가능한 석유
④ 공극 사이에서 습윤성 유체(물)에 둘러싸여 갇혀 있는 석유

위와 같은 이유로 우리는 저류층에 부존하는 원시부존량을 모두 생산할 수 없습니다. 감자와 고구마밭에서 손가락보다 작게 자란 작물은 수확할 때 놓치기 쉬운 것과 마찬가지입니다. 석유는 전체 부존량 중 생산할 수 있는 양을 구분하여 표기하지요. 땅속에 부존하는 석유 중 지표까지 뽑아낼 수 있는 양의 비율을 회수율이라고 합니다. 통계적으로 석유는 회수율이 20~40%인데, 천연가스는 60~80%에 달합니다.

예비자원량은 시추 작업으로 직접 확인하지는 않았지만, 땅속 구조에 집적된 석유 자원 중 생산(회수) 가능할 것으로 추정하는 양입니다. 이러한 분류는 석유가 있을 가능성은 크지만,

아직 실제로 발견된 것은 아니므로 불확실성을 포함하고 있습니다. 반면에 시추를 통해 지하 구조에 탄화수소의 존재 유무를 확인했다면 석유를 생산할 가능성이 더 높은 가능자원량◆으로 분류합니다.

세 번째 용어는 매장량◆입니다. 뉴스나 대중매체는 매장량이라는 용어를 종종 사용합니다. 가령 '석유 회사는 동해 앞바다에서 5천만 배럴 규모의 매장량을 확보했다'라는 식으로 땅속석유의 양을 설명할 때 사용합니다. 매장량은 석유를 발견한 구조에서 현재의 과학 기술력으로 석유 회사가 이윤을 남기며 생산해 낼 수 있는 석유량을 뜻합니다. 원시부존량, 자원량보다는

해저 땅속을 시추하는 시추기 모습

2부 지구과학으로 탐사한 석유 에너지

분류 기준		구분
원시부존량 →	석유 발견	매장량(Reserves)
		가능자원량(Prospect Resources)
	석유 미발견	예비자원량(Contingent Resources)
		회수불가능량(Unrecoverable)

자원량, 매장량 분류표

석유의 양에 대한 설명이 구체적이고 명확하며 신뢰도가 높습니다. 이러한 분류 체계는 석유를 정확히 알기 위해 나눠 놓은 구분입니다('자원량, 매장량 분류표' 참고).

매장량을 나누는 기준은?

과학은 자연 현상을 설명하지만 불확실성이 있습니다. 현상을 자세하게 묘사하면서 오차가 발생하는데, 이는 사전적인 의미로 참값과 근사값의 차이입니다. 참값은 자연 현상이며 근사값은 자연 현상을 설명하는 과학입니다. 오랜 세월 동안 수학과 과학기술의 발달은 이런 오차를 줄이기 위해 노력하고 있지만 여전히 발생하는 불확실성을 줄이기 위해 기준을 세웠습니다. 석유 자원의 특성상 눈에 보이지 않는 땅속에 존재하기 때문입니다. 지층에 대한 데이터를 아무리 많이 얻어도 넓디넓은 땅속에 분포하는 석유량을 근사치에 가깝게 추정하려면 많은 시간과 비용이 필요합니다. 서울에 건축된 아파트의 모든 층수를 세는 것만큼이나 어렵습니다.

물론 매장량은 자원량과 달리 생산할 수 있는 석유량에 대한 불확실성이 적습니다. 매장량으로 분류되려면 아래 네 가지 조건을 모두 충족해야 하기 때문입니다.

① 시추를 통해 탄화수소의 존재 여부를 확인한 구조여야 함
② 현재의 과학 기술력으로 생산할 수 있어야 함
③ 산유국과의 계약에 따라 생산하는 석유 회사는 상업적으로 충분한 이윤이 남아야 함
④ 매장량을 산정하는 시점 기준으로 미래에 생산할 수 있어야 함

위 조건은 매장량이 되기 위한 필요조건입니다. 어느 하나라도 충족하지 못하면 매장량으로 분류할 수 없으며 하위 범주에 속해야 합니다. 분류 체계는 기준이 명확해야 수치를 보는 제 3자가 신뢰성 있게 구분할 수 있습니다. 그러지 않으면 용어가 오남용되거나 잘못된 정보가 제공됩니다. 학교를 목적, 교과과정 등 기준에 따라 초등학교, 중학교, 고등학교, 대학교로 구분하는 이유와 같습니다. 구분 없이 학생이라고 부르면 어디에 해

매장량		
구분	확인매장량 (Proved)	추정매장량 (Probable)	가능매장량 (Possible)
생산 가능 확률	90% 이상	50% 이상	10% 이상

매장량 세부 분류

당하는지 정확히 알 수 없습니다.

　매장량은 확인매장량, 추정매장량, 가능매장량으로 세부 분류됩니다('매장량 세부 분류' 참고). 지구 정보에 관해 다양한 지질학적·물리학적 데이터를 이용해서 산정한 석유의 양은 합리적 타당성에 근거하여 기술적·상업적으로 회수 가능성을 따집니다. 이러한 회수 가능성이 90% 이상 높아야 확인매장량이라 합니다. 회수 가능성이 50% 이상은 추정매장량으로 구분하고, 10% 이상일 경우는 가능매장량이라 부릅니다. 세부 분류는 생산 가능한 석유의 양을 구분함으로써 개별 용어가 갖는 정의를 분명하게 하는 역할을 합니다. '적당히 주세요' '알맞게 해주세요'처럼 불분명한 내용을 없애 줍니다. 확인매장량은 가장 확실한 단계입니다.

복잡한 석유 용어 제대로 사용하기

석유와 관련한 전문용어를 뉴스나 대중매체에서 그 뜻을 정확히 모르고 사용하는 사례가 있습니다. 아래 기사를 보고 어떤 용어가 올바른 표현인지 생각해 보세요.

'⋯ 울릉분지의 가스 생성 잠재력을 평가한 결과 (⋯) 생성된 가스 중 약 5%가 저류층에 집적된다고 가정하면 추정 가스 매장량은 13~24tcf로 원유로 환산하면 약 21~40억 배럴에 해당한다.' (2023. 7. 7., 〈신소재경제신문〉)

무엇이 잘못 쓰인 표현일까요? 기사에서 언급한 '추정 가스 매장량' 용어는 가스 생성 잠재력을 바탕으로 평가했다는 본문의 내용으로 보아 맞지 않습니다. 날카로운 통찰력이 필요합니다. 추정매장량은 매장량의 세부 분류 가운데 하나입니다. 하지만 사용된 분류는 시추로 발견되지도 않았고 상업적인 개발계획도 없이 잠재력만을 평가하여 얻은 결과로, 거리가 먼 분류를 잘못 사용했습니다. 예비자원량◆이라는 용어가 적절합니다.

지구과학과 간단한 수학으로
석유 부존량을 계산할 수 있다

우리는 어떻게 석유의 부존량을 계산할까요? 이 문제의 답은 우리가 배우는 지구과학과 도형을 떠올리면 풀 수 있습니다. 먼저 지층에 매장된 석유는 암석의 물리적 특성에 따라 부존량에 영향을 받습니다. 대표적인 성질은 공극률입니다. 석유가 집적할 수 있는 전체 구조에서 광물 입자 사이로 채워질 수 있는 공간이 얼마나 되는지가 부존량을 계산하는 데 필수 정보입니다. 그래서 원시부존량◆을 산정하려면 지층 암석의 공극률을 측정해야 합니다. 공극이 차지하고 있는 구조의 크기도 알아야 합니다. 돌멩이 사이에 있는 틈을 찾는 탐구입니다.

석유를 함유한 저류층◆ 모습은 낙타의 육봉과 같이 반구형 모양의 배사 구조가 가장 많습니다. 이런 구조는 탄화수소가 땅속 물과의 밀도차(부력)에 의해 상부로 이동하다가 갇히기(집적 또는 매장) 좋은 형태입니다. 지질 구조는 큰 틀을 말하며, 그 안에는 석유가 잘 모일 수 있는 품질 좋은 저류층이 있습니다. 그리고 지층의 퇴적 환경에 따라 공극률과 투수율 같은 암석의 물리적 성질이 좋은 구간과 치밀한 광물들이 퇴적하여 탄화수소가 통과할 수 없는 구간으로 나뉩니다. 저류층 내 탄화수소가 이동하여 충분히 집적된 구간을 순층◆이라 구분하며 전체 구조 내 저류층에서 순층이 차지하는 비율은 원시부존량을 산정할 때 필요한 요소입니다.

다음으로 우리에게 필요한 데이터는 탄화수소가 공극에 얼마나 채워져 있는지를 나타내는 포화율입니다. 공극이라는 공간에는 물, 탄화수소(석유 또는 천연가스), 기타 불순물(이산화탄소, 수소, 수은, 질소 등)로 구분되는 성분이 있습니다. 땅속 암석에서 만들어지다 보니 순수 탄화수소만 있지 않습니다. 탄화수소가 차지하는 포화율은 석유의 부존량을 산정하는 데 필수 자료입니다. 여기까지 얻어진 데이터는 ① 저류층 암석의 부피, ② 공극률, ③ 탄화수소 포화율입니다. 저류층 내 공극 안에 차지하고 있는 탄화수소의 부피를 계산할 수 있는 수치들이 주어졌습니다. 넓은 지역 땅속 돌멩이 틈 사이에 있는 석유량을 계산하는 과정입니다. 그러나 아직 원시부존량을 산정하려면 하나가 더 남았습니다.

마지막 요소는 ④ 팽창계수입니다. 저류층 속 탄화수소는 높은 온도와 압력을 받고 있지만, 땅 위로 나오면서 온도와 압력이 낮아져요. 그래서 액체 석유와 기체 가스의 부피는 땅속에 있을 때와 땅 위로 생산한 후 측정할 때 서로 달라지게 됩니다. 이때 유체의 부피 변화에 영향을 주는 조건은 온도와 압력이고, 변화량을 표시하기 위해 팽창계수를 고려해야 합니다. 자세한 설명은 '3부 화학으로 탐구한 석유 에너지'에서 다루니 한번 훑어

보기를 하고 돌아와도 좋습니다.

우리가 찾는 석유는 어디에 묻혀 있느냐에 따라 영향을 받는 환경이 다릅니다. 따라서 부존량은 어떤 조건에 있든 동일한 기준을 적용하여 측정하기로 약속했습니다. 떡볶이 1인분에 들어가는 떡의 개수를 전국적으로 통일한 격입니다. 이를 표준 상태◆라 하며 온도는 60℉(Fahrenheit, 화씨), 압력은 14.7psia(프사이아, 절대 압력을 표시)일 때를 말합니다. 모든 석유는 특별한 언급이 없는 한 표준 상태에서 측정한 부피입니다. 그러므로 팽창계수◆는 저류층 온도와 압력 상태에서 표준 상태로 온도와 압력을 변환하여 부피가 변화하는 비율을 의미하죠. 원시부존량은 여기까지 알아낸 정보를 통합하여 계산합니다.

간단한 곱하기 수학 연산으로 땅속 지층에 매장된 석유의 부존량을 산정합니다. 물론 넓은 대지 또는 해저의 땅속에 분포하는 양을 산정하기 위해 얻어낸 개별 요소들이 담고 있는 불확실성이 있습니다. 다양한 정보를 취득하는 과정과 해석에서 오차가 발생할 수 있습니다. 고층 아파트를 올려 보며 층수를 세어 보다가도 몇 번을 다시 셉니다. 오차는 지하 3~5킬로미터 땅속에 숨겨 놓은 한라산의 모양과 크기를 추측하는 탐구와 유사합니다. 또 다른 예로, 신체검사에서 몸무게를 측정하는 전자저울이 숨을 한 번 쉴 때마다 소수점 첫째 자리가 오르락내리락하거나 허리를 세우면서 키가 조금 더 커지는 경험과 비슷합니다. 오차 범위는 참값에 100분의 1 수준입니다. 그에 비해 천연자원의 크기는 때론 10킬로미터가 넘는 직경의 저류층 구조를 추정해야 하므로 그 범위가 넓습니다.

저류층◆ 크기는
어떻게 계산할까?

지상에서 얻은 자료를 분석하여 묘사하는 저류층 모습을 지질 모델이라 합니다. 모델은 다양한 지질학적 정보들을 축약하여 컴퓨터의 도움으로 최대한 정확한 값을 구하려는 수학적인 해석 방법입니다. 지층의 모양과 크기 뿐 아니라 공극률, 포화율, 순층 구간 등 물리적인 특성도 함께 입력한 지질 모델은 실제 땅속 저류층을 가상의 컴퓨터 공간에 동일하게 만들어 놓은 과학기술이죠. 이를 디지털 트윈◆이라 합니다. 똑똑한 컴퓨터가 있어 든든합니다. 여기에는 먼저 탄성파 자료를 활용하여 저류층 모습을 묘사합니다. 탄성파 성질을 이용한 탐사 자료는 땅속 암석의 탄성을 이용하여 저류층 구조를 깊이별로 알려 줍니다. 탄성은 외부의 힘으로 부피와 모양이 변했다가 힘이 사라지면 다시 돌아가려는 성질을 말합니다.

탄성파 자료는 지하 구조를 면(2D) 또는 입체적(3D)으로 그릴 수 있도록 기초 자료를 제공합니다. 해석한 자료는 저류층 모

땅으로 강한 진동을 생성하는 탄성파 탐사 장비 모습(출처. ADNOC)

습을 이해하기 쉽게 컴퓨터 그래픽으로 보여 줍니다. 이러한 모형도를 이용해서 우리는 어떻게 저류층 크기를 측정할 수 있을까요?

일반적으로 사용하는 방법은 용적법◆입니다. 아파트의 부피는 1층의 넓이와 높이만 알면 구해집니다. 특정 지형 또는 물체 등의 부피를 측정하는 용적법은 땅속을 관찰할 때도 쓰입니다. 쉽게 이야기하면 석유가 묻혀 있는 구조를 꺼내어 땅 위에 올려놓고 저류층의 크기를 측정하는 문제와 같습니다. 지표면에 올려진 구조는 산 또는 구릉과 비슷한 모양입니다. 형태의 구조에 대한 체적은 단순화하여 생각하면 원뿔의 부피를 측정하는 수학이라 할 수 있습니다. 물론 실제 석유가 부존하는 저류층

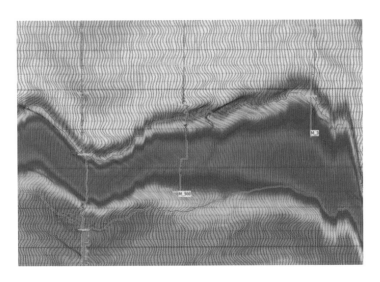

탄성파 탐사 자료로 땅속 지층을 찾아낸 모습(출처. RPS)

모습은 원뿔대 모형과 흡사하거나 경사지고 굴곡진 부분들이 복잡하게 융합되어 있습니다.

시각적으로 표현하기 위해 저류층은 등고선 지도에 그려집니다. 사회과부도 교과서에서 높고 낮음을 구별할 수 있도록 그려진 지도와 유사하죠. 등고선은 같은 깊이를 연결하여 그려진 선이며 지도에 등고선을 일정한 깊이 간격으로 나타내어 저류층 심도에 따라 분할하고, 그 체적을 산정할 수 있습니다. 예를 들면 커다란 3단 케이크를 층별 조각으로 나누어 개별 부피를 측정하고 총합을 구하여 전체 부피를 계산할 수 있지요. 다음 그

2부 지구과학으로 탐사한 석유 에너지

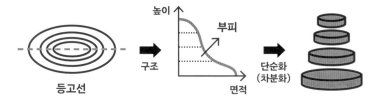

높이

부피

구조

단순화
(차분화)

면적

등고선

배사 구조 저류층의 체적 계산 방법

림은 등고선에 따른 면적을 측정하고, 이를 바탕으로 구조의 부피를 계산하는 용적법을 보여 줍니다.

복잡한 구조 형태는 더 작은 단위로 구분하여 부피를 구하면 실제 지질 모습과 오차 범위를 최소화할 수 있습니다. 이렇게 계산된 저류층 암석의 부피는 땅속에 있는 석유의 원시부존량을 알아내는 데 중요한 역할을 합니다. 조각 케이크를 먹다 보면 몇 개를 모으면 하나의 케이크가 완성되는지 쉽게 알 수 있듯이요!

우리는 저류층 크기를 측정하는 데 컴퓨터를 사용할 수 있습니다. 용적법으로 구하는 부피는 컴퓨터에서 무수히 많은 조각으로 나누어지고(차분화) 자동으로 연산한 값입니다. 결과는 이론적으로 모눈종이 위의 등고선에서 구조를 그려 구하는 면적과 같습니다. 컴퓨터는 과학 지식을 활용한 자동화 프로그램으로 작업을 빠르고 편리하게 처리하며, '휴먼 에러(실수)'를 줄여 줍니다.

석유는 어디에 쓰일까?

석유는 우리가 알고 있는 발전소나 자동차, 항공기, 난방 등 전력·수송·가정·상업에서 사용하는 소비를 제외하고 또 어디에 쓰일까요? 바로 석유 화학 산업입니다. 한국의 대표 기간 산업 중 하나죠. 여기서 원유를 정제하여 얻은 성분으로 화학 제품을 만듭니다. 플라스틱, 합성고무, 화학섬유, 합성수지, 윤활유 등 생활 어디서나 찾아볼 수 있습니다. 완성 상품에는 가전제품, 자동차 타이어, 운동화, 기저귀, 엔진오일, 안경테 등이 있습니다. 6천여 가지 이상입니다. 이런 제품을 생산하는 석유 화학 회사에는 LG화학, SK에너지, 롯데케미칼, 한화솔루션, GS에너지, 효성티엔씨, S-OIL 등 유명한 대기업이 있으며 우리나라 산업을 이끌고 있습니다(2025년 기준).

매장량 산정 방법 알아보기

매장량은 지금의 과학기술로 경제성 있게 뽑아낼 수 있는 석유량을 말합니다. 다른 용어에 비해 가장 실용적인 개념입니다. 미래에 생산 가능한 석유량이 핵심입니다. 매장량은 어떻게 산정할까요? '어떻게'라는 질문을 통해서 우리는 좀 더 구체적으로 과학을 응용할 방법을 알 수 있습니다. 사실 기초과학은 매장량을 산정하는 방법의 기본 지식을 제공해 줬습니다.

크게 세 가지 방법으로 나눌 수 있습니다. 첫 번째는 땅속에서 석유를 뽑아내면서 측정한 데이터를 통해 앞으로 생산할 양을 추정하는 방법입니다. 하루에 10장씩 이 책을 꾸준히 읽는다면 며칠 만에 다 읽을지 예측할 수 있는 원리와 비슷합니다. 과거의 이력으로부터 미래를 예측하는 식입니다. 생산 자료는 하루하루 생산하는 석유량(유량)과 압력 데이터를 뜻합니다. 요즘은 머신러닝 기술로 많은 유정(석유를 뽑는 구멍) 데이터를 모아 생산량이 줄어드는 패턴을 분석하고, 대표 모델을 만듭니다.

이 이론은 땅속 저류층에 존재하는 석유의 양이 한정되어 있어 시간이 갈수록 생산량이 줄어들 수밖에 없다는 원리입니다. 마치 고무 물풍선에 채워진 물이 바늘로 찔러 생긴 구멍을 통해 나오는 물줄기와 유사합니다. 커다란 물풍선에서 크기가 줄어들면서 새어 나오는 물줄기는 시간이 갈수록 점차 줄어들다가 마침내 아주 적은 양의 물방울만 뚝뚝 떨어집니다. 똑같은 재질의 고무풍선을 사용했다면 채워진 물의 양에 따라 새어 나오는 물줄기의 세기와 양은 다를 수 있지만 크기에 따라 변하는 비율은 비슷합니다. 석유 에너지 분야에서는 감퇴곡선법◆이라 부릅니다.

두 번째는 석유가 채워진 저류층을 하나의 상자로 가정합니다. 생산하는 석유량에 따라 처음 상자 안에 주어진 에너지가 줄어드는 걸 설명하는 방법입니다. 처음 자연이 가진 에너지 총량은 고정돼 있으므로, 석유를 생산하면서 땅속 에너지가 줄어드는 흐름을 보여 줍니다. 물론 저류층은 초기 높은 압력과 온도가 제공하는 각각의 에너지가 있고 지층 암석 속 유체가 지닌 에너지가 있습니다. 이들 에너지는 석유를 땅속에서부터 지표로 끌어 올리면서 각각 변화하는 정도가 다른데, 이런 관계를 모두 통합하여 얼마나 석유를 생산할 수 있을지 추정합니다. 이 방법은 물질수지법입니다.

세 번째는 컴퓨터를 사용하여 저류층 모습과 특성에 가까운 모델을 만들어 생산량을 추정하는 방법입니다. 마인크래프트와 같은 게임에서 블록을 쌓아 현실에 존재하는 물체를 따라 만드는 것처럼, 땅속 모습도 다양한 데이터를 활용해 만들어 내는 것이죠. 그리고 실제 저류층에서 얻은 데이터를 입력하고, 암석에서 석유가 어떻게 흐르는지 설명하는 수식으로 땅속을 설명합니다. 이러한 작업을 저류층 시뮬레이션◆이라 하고, 매장량을 산정하는 데 주로 사용합니다.

각 방법을 간단히 소개했지만, 좀 더 깊게 들어가면 하나의 학문으로 발전할 만큼 알아야 할 내용이 많습니다. 매장량이 그

만큼 중요하고 자세히 다뤄야 하는 정보이기 때문입니다. 또한 보이지 않는 땅속을 이해하는 데 충분한 탐구와 관찰이 필요해서입니다.

기초과학으로 문제의 해법 찾기

교과서에서 배우는 과학 이론은 다양한 산업에 적용됩니다. 석유 산업은 땅속에 숨어 있는 천연자원을 찾기 위해 에너지 공학, 수학, 기계공학, 토목공학, 컴퓨터공학, 화학공학, 산업 공학 등을 모두 동원해야만 풀 수 있는 복잡한 문제입니다. 깊게는 지하 5킬로미터 이상까지 굴착해야만 석유를 발견할 수 있어 많은 학문이 복합적으로 필요합니다. 그러한 노력으로 지난 100년 이상의 역사를 가진 석유 산업은 과학 기술력에서 항공·우주 분야만큼이나 독보적이고 발전된 기술력을 갖추게 되었습니다. 산업의 기초가 과학에서 출발한다는 건 당연한 이야기입니다. 매장량을 산정하는 방법만 보더라도 하나 이상의 학문이 필요하다는 걸 알 수 있습니다.

문제에 대한 해법은 어느 한 분야에 국한하지 않고 폭넓은 사고로 생각해야지만 올바르게 이해하고 정답을 찾을 수 있습니다. 문제를 과학적으로 해결하려는 태도는 일상생활뿐 아니라 산업에서 중요시하는 능력입니다.

매장량에 대한 석유 산업의
국제 공용 표준

과학이 발전하려면 표준이 필요합니다. 나라, 장소, 사람에 따라 달리하는 기준을 통일하여 모두가 똑같이 사용하도록 정한 국제 표준은 가장 기초적이지만 중요한 부분이지요. 여러 기준 중에서도 SI 단위(System of International Unit)는 국제 단위계를 말하며 모두가 같은 단위 체계를 사용하자고 합의하여 채택되었습니다. 길이는 미터(Meter), 무게는 킬로그램(Kilogram), 시간은 초(Second)를 사용하여 다른 단위 사용에 따른 오차를 없애자는 데서 출발했습니다. 마찬가지로 석유는 '매장량'이라는 용어를 사용하면서 국제적인 기준을 마련했습니다. 세계 여러 나라의 학계와 산업계는 함께 모여 매장량을 나누는 정의를 세워서 합의했습니다. 그 결과 석유자원관리시스템(Petroleum Resources Management System, PRMS)을 만들었고, 이러한 표준은 과학적으로 사고하기 위한 도구적 언어로 사용되고 있습니다.

석유자원관리시스템은 한국을 포함하여 전 세계적으로 가장 많은 나라와 국제 학회에서 따르는 대표적인 기준입니다. 이 기준서는 아직 발견되지 않은 땅속 석유량부터 현재 생산 중인 석유까지 지구의 지각에 매장된 탄화수소량을 계산하는 표준을 제공합니다. 또한 자원량과 매장량에 대한 기준과 정의뿐만 아니라 매장량으로 인정될 수 있는 산정 방법까지 소개합니다. 매장량에 대한 정의는 앞서 다루었고 아래 표는 표준에 따른 분류 기준입니다.

석유 회사◆는 땅속에 있는 석유를 생산하여 판매하고 수익을 올리기 때문에 매장량은 기업의 자산가치입니다. 물류창고에 쌓여 있는 반도체 수와 같습니다. 보이지는 않지만 얼마나 생산 가능한지를 산정하는 작업을 매장량 평가라고 하며, 공정성을 위해 일반적으로 석유 자산을 보유한 회사가 아니라 제3자인

원시부존량	발견 원시부존량	매장량		
		확인	추정	가능
		가능자원량		
	미발견 원시부존량	예비자원량		
		회수불가능량		

석유자원관리시스템 분류 기준

인증기관이 평가합니다. 음식점을 평가하는 미슐랭처럼 석유 회사가 평가한 내용을 독립적인 인증기관이 합리적으로 산정되었는지를 검토하고 확정하는 역할을 합니다.

　국제 매장량 기준에서 우리가 알아 둘 부분이 하나 있습니다. 화석과 지층, 방사성 동위원소를 근거로 구분하는 지질연대표는 선캄브리아누대, 고생대, 중생대, 신생대로 나누지만, 개별 연대를 구분하는 정확한 시기에는 학자마다 다소 차이가 있습니다. 매장량 기준에도 몇 개 국가는 석유자원관리시스템(PRMS)을 따르지 않고 자국에서 세운 기준을 따릅니다. 예를 들어 러시아, 우크라이나, 카자흐스탄을 포함한 CIS 국가(독립국가연합)는 생산 가능한 석유량을 정의하는 다른 기준을 가지고 있습니다. 단순히 길이 단위인 센티미터(cm)에서 인치(inch)로 변환계수를 곱하여 바꾸는 작업이 아닙니다. 땅속에서 기술적으로 생산할 수 있다고 인정하는 범위를 다른 시각으로 평가하여 나누었기 때문에 석유자원관리시스템과 구별됩니다. 마치 한국 사람은 보통 12시부터 1시간 동안 점심시간을 갖지만, 스페인 사람은 2시부터 2시간가량 점심시간을 갖는 차이와 비슷합니다.

　이외에도 캐나다는 오일샌드라는 비전통 원유를 평가하는 독자적인 정의를 가지고 있습니다. 이렇듯 아쉽게도 전 세계 석유 회사와 국가에서 통용되는 국제 공용 표준에 대해 합의하지는 못했습니다. 해외여행을 할 때 각 국가의 화폐를 사용하는 번거로움처럼 매장량은 어떤 기준에 따라 평가했는지를 확인하고 이해해야 합니다.

인류세는 지질시대에 포함될까?

지질시대를 살펴보면 삼엽충이 최초로 나타난 고생대 캄브리아기와, 공룡이 주로 살던 중생대 쥐라기가 있습니다. 여기까지는 잘 아는 내용입니다. 그러면 오늘날 우리 인류가 살고 있는 지질시대는 무엇일까요?

바로 신생대입니다. 여기서 지질시대는 누대(累代), 대(代), 기(紀), 세(世)로 세분화하는데 현재는 신생대—4기—홀로세(Holocene)로 구분합니다.

지구시스템과학을 연구하는 일부 과학자들은 지질학적 관점에서 인류의 활동이 지구 생태계 및 환경에 큰 영향을 미쳐 돌이킬 수 없는 변화를 일으키고 있다고 이야기합니다. 노벨상 수상자 파울 크뤼첸(Paul J. Crutzen, 1933~)은 2002년 "우리는 이제 홀로세가 아닌 인류세(Anthropocene)에 살고 있습니다"라며 홀로세 다음의 새로운 지질시대로 인류세를 주

창했습니다. 인간이 주도하는 새로운 지질학적 시대에 들어섰다고 화두를 던진 것입니다. 이러한 논의는 학문적으로 지질 시대를 구분할 충분한 과학적 기준에 부합한다면 받아들여질 것입니다. 분명한 사실은 인류의 영향력이 지구라는 거대한 행성에서 우리의 삶을 한 시대로 나눠야 할지를 논할 정도로 커졌다는 사실입니다.

가장 많은 석유를
생산하는 나라

우리 집 앞마당 흙을 파보았더니 황금이 묻혀 있다면 기분이 어떨까요? 분명 땅을 파는 노력 대비 땅 주인이 얻을 이익이 무척이나 커 보입니다. 그렇다면 1배럴에 유가 80달러(약 10만 원)로 팔 수 있는 석유 1천만 배럴이 매장되어 있다고 가정하면 경제적 가치는 얼마나 클지 계산이 되나요? 계산기가 필요합니다. 대략 1조 40억 원(80달러×1천만 배럴×환율)에 달합니다. 물론 매장된 석유가 생성되고 집적하기까지 그 땅 위에 살고 있던 주인은 아무런 노력을 쏟지 않았지요. 석유는 암석에서 자연 발생적으로 만들어지니까요. 땅속에 석유가 많이 묻혀 있는 산유국도 마찬가지입니다.

천연자원은 국가의 엄청난 부를 가져다주는 자산이며 자원

에너지 포트폴리오를 이끄는 산유국과 석유 자산

을 생산하는 국가는 적은 비용으로 1배럴에 80달러나 되는 고부가가치의 1차 에너지를 생산합니다. 참고로 배럴♦은 석유의 부피를 나타내는 단위입니다. 미국에서 나무 드럼통에 석유를 실어 나르며 사용하기 시작했지요. 파란색을 칠한 드럼통을 써서 파란색 배럴(Blue Barrel)에서 유래했습니다. 1배럴은 159리터와 같습니다.

안타깝게도 지구는 산타할아버지처럼 모든 어린이에게 선물을 하나씩 나눠 주지는 않았어요. 석유가 생성될 수 있는 유기물이 풍부한 퇴적층은 특정 지역에 몰려 있었고, 탄화수소 매장

사우디아라비아 해상을 육상으로 전환하여 개발하는
마니파(Manifa) 유전 모습(출처. 사우디아람코)

량의 부익부 빈익빈 차이가 발생했습니다. 석유가 많은 자원 부
국과 자원 빈국으로 나뉘었죠.

미국 에너지정보청은 매해 연말에 국가별 석유 매장량과
생산량을 발표합니다. 〈포브스〉가 세계 최고 부자를 순위별로
매년 발표하듯이 석유의 매장량 정보를 공개하지요. 개인의 자
산 가치는 유가증권이나 경제 지표 등 투자 수익률에 따라 달라
져 부자 순위가 그때그때 바뀝니다. 그러나 석유 자원량은 땅속
에 묻혀 있기 때문에 석유 회사가 새로운 유전을 발견하면 증가
(+ 플러스 요인)하고, 한 해 동안 생산한 석유량만큼 감소(- 마이너

스 요인)할 뿐 큰 변화는 없습니다. 이런 석유 매장량 순위에 따르면 남미에 있는 베네수엘라가 오랜 기간 1위 자리를 차지했습니다. 3,030억 배럴의 석유가 베네수엘라 영토 아래에 매장되어 있습니다. 그 뒤를 잇는 자원 강국은 사우디아라비아, 이란, 캐나다, 이라크, UAE, 쿠웨이트 순입니다. 석유와 관련한 기사에서 자주 언급되는 나라들이죠.

석유 매장량이 많다고 생산도 많이 할까요? 꼭 그렇지는 않

순위	국가	매장량	순위	국가	매장량
1	베네수엘라	303	11	나이지리아	38
2	사우디아라비아	267	12	카자흐스탄	30
3	이란	209	13	중국	26
4	캐나다	163	14	카타르	25
5	이라크	145	15	브라질	13
6	UAE	113	16	알제리	12
7	쿠웨이트	102	17	에콰도르	8
8	러시아	80	18	노르웨이	8
9	리비아	48	19	앙골라	8
10	미국	48	20	아제르바이잔	7

2023년 기준 국가별 석유(원유 및 초경질유) 매장량(단위: 10억 배럴)

2부 지구과학으로 탐사한 석유 에너지

습니다. 석유 생산량은 얼마나 석유개발사업에 대한 투자가 적극적으로 이루어져서 국가 산업에 이바지하느냐에 따라 달라집니다. 그래서 생산 부문 1위는 바로 미국입니다. 하루에 생산하는 석유의 양은 12,935천(12,935,000) 배럴 정도입니다. 이를 경제적 가치로 환산하면 매일 약 1조 3,452억 원에 달하는 천연자원이 땅속에서 나오는 겁니다.

오늘날 미국의 경제적 부를 지탱하는 힘의 원천 중 하나가

순위	국가	생산량	순위	국가	생산량
1	미국	12,935	11	멕시코	1,936
2	러시아	10,277	12	카자흐스탄	1,854
3	사우디아라비아	9,733	13	노르웨이	1,814
4	캐나다	4,594	14	나이지리아	1,442
5	이라크	4,353	15	카타르	1,299
6	중국	4,183	16	리비아	1,225
7	이란	3,665	17	알제리	1,183
8	브라질	3,402	18	앙골라	1,144
9	UAE	3,394	19	오만	1,048
10	쿠웨이트	2,710	20	콜롬비아	777

2023년 기준 국가별 석유(원유 및 초경질유) 생산량(단위: 천 배럴/일)

육상과 해상에서 석유 탐사와 생산을 위해 필요한
시추기와 생산 설비

바로 석유입니다. 한편 우리나라는 유일한 동해 앞바다 가스전
에서 2021년 12월을 마지막으로 가스와 컨덴세이트 생산이 끝
났습니다. 현재는 한반도를 둘러싼 동해, 서해, 남해안에서 또
다른 유전과 가스전을 찾기 위해 노력하고 있어요. 머지않아 땅
속에 숨은 선물을 발견했다는 소식이 들려오길 바랍니다.

2부 지구과학으로 탐사한 석유 에너지

지구가 만든 에너지,
석유의 과학

3부
화학으로
탐구한
석유 에너지

Petroleum
Energy
Examined
by Chemistry

5 | 석유는 어떤 특성이 있나?

물질의 변화
석유 속에 녹아 있는 수반가스
천연 액체 탄화수소가 갖는 다양한 화학적 성질
물질의 특성에 따른 분류 체계

땅속에서 나오는 검은색 기름은 무엇일까요? 바로 석유입니다. 모든 석유는 검은색일까요? 석유는 천연으로 생성된 액체 상태의 탄화수소 혼합물이고, 탄소(C)와 수소(H)가 주성분입니다. 물론 넓은 의미의 석유는 액체와 기체 상태의 탄화수소를 모두 포함하지만, 이 장에서는 액체 상태의 석유로 의미를 한정해서 살펴볼게요.

눈으로 보면 끈적끈적한 느낌 같기도 하고 어떤 영상에서는 검은색이 아니라 연한 노란색을 띠기도 합니다. 이들은 분명 성분의 차이가 있을 텐데 그 원인은 무엇일까요? 순한 맛, 보통 맛, 매운 맛, 아주 매운 맛, 화나는 맛으로 나뉘는 떡볶이 같은 느낌일까요?

석유라 불리는 탄화수소◆는 고유의 성질을 가지고 있습니다. 사람의 특성을 분석한 성격유형검사(MBTI)처럼 화학적 성질에 따라 석유를 여러 가지로 구분합니다. 땅속 깊은 지층에서 생성되다 보니 기원 환경에 따라 고분자 탄화수소 함량이 높은 석유를 생성할 수도 있고, 탄소 원자 개수가 적은 탄화수소가 주성분인 석유를 생성할 수도 있습니다. 생성 기원의 배경이 된 자연환경은 석유의 특성을 다양화했습니다.

우리는 땅속에서 채굴하는 모든 석유를 MBTI처럼 몇 가지 대표적인 범주로 분류합니다. 물론 MBTI에 의한 성격 분류가 '과학'인지 아닌지는 여기서 따질 문제는 아니지만, 석유를 분류하는 체계는 과학적 이론에서 출발합니다. 분류를 보면 땅속 환경과 지표면으로 올라오면서 달라지는 환경에 따라 변하는 성질을 알 수 있습니다.

탄소와 수소 화합물로 이뤄진 탄화수소◆는 탄소 원자 하나와 수소 원자 네 개가 결합한 메테인(CH_4)이 가장 간단한 분자 구조입니다. 석유는 탄소 하나 또는 여러 개가 수소와 결합한 탄화수소들이 혼합된 탄화수소 혼합물입니다. 갖은 재료로 조리한 마라탕도 혼합물입니다. 혼합된 탄화수소들은 화학적 결합 형태가 아니다 보니 개별 성질을 가지고 있습니다. 이 장에서는 탄소가 하나에서부터 수십 개로 구성된 탄화수소가 나타내는 특성이 어떠한지 한번 살펴보겠습니다. 모든 사람을 16가지 MBTI로 정확히 구분할 수 없듯이 석유도 몇 가지로 특정할 수 없는 성질이 있는데, 이를 표현하는 방식이 어떠한지 알아볼게요. MBTI뿐 아니라 외형과 혈액형, 성별, 나이 등 무리를 나누는 다른 기준이 있듯이 석유를 분류하는 방법을 찾아봐요.

압력과 온도에 따른 화학변화

분자는 물질의 성질을 구별하는 최소 단위입니다. 물질의 화학적 성질은 물질의 집합을 대상으로 합니다. 이를 대표하는 성질이 있을 때 어떤 상태 또는 시스템에 있다고 말합니다. 물질의 상태인 고체, 액체, 기체를 소개하기 위한 설명입니다. 여기서 상태는 온도와 압력이라는 성질 또는 변수에 따라서 표현합니다. 석유라는 탄화수소 혼합물도 온도와 압력이라는 열역학적 변수에 따라 상태가 변합니다. 이 장에서는 액체 석유의 상태 변화(액체 ↔ 기체)와 내부 에너지 변화를 이야기해 봅니다.

땅속에서 고온과 고압 상태에 있던 석유가 지층에서 빠져나와 땅 위로 채굴됐을 때 변화하는 조건과 석유의 상태를 표현하려면 먼저 열역학적 변수가 어떻게 변하는지 알아야 합니다. 땅속엔 지층 암석에 눌리며 발생하는 압력과 공극 사이에 존재하는 유체에 작용하는 압력이 있습니다. 온도는 땅속 열에너지가 발생하여 지하로 들어갈수록 높아지는 경향을 보입니다. 온도와 압력 둘 다 깊이에 따라 달라지는 변수입니다. 하지만 지표면에서는 어디에 있든 땅속보다 온도와 압력이 낮습니다. 산 정상에 올라가면 더 낮아집니다. 그래서 과학의 도구적 언어인 표준 단위가 필요합니다. 이는 같은 기준에서 석유의 양을 측정하기로 합의한 표준 상태(온도는 60℉, 압력은 14.7psia)를 말합니다.

열역학적 변수에 따라 부피와 모양이 변하는 액체 석유

3부 화학으로 탐구한 석유 에너지

높은 온도와 압력 조건에 있던 석유가 땅 위의 표준 상태로 나오면서 단위질량의 물질이 차지하는 부피인 비체적이 변하는 관계를 이용합니다.

액체의 부피는 압력이 낮아질수록 커지고, 온도가 낮아질수록 작아집니다. 반대로 압력이 높아질수록 부피는 작아지고, 온도가 높아질수록 커집니다. 이러한 인과관계는 땅속에서 생산하는 석유의 상태를 이해하는 데 필요합니다. 지하 지층에 묻혀있던 석유가 땅 위로 올라오기 때문이며 암석의 공극에 가득 차 있던 석유를 계속 생산할수록 공극 속 유체 압력이 낮아지기 때문입니다. 처음 석유를 발견하고 확인했을 때를 초기 조건이라 부르며, 생산을 진행할수록 처음에 부존했던 석유량이 감소하면서 압력도 함께 낮아집니다. 사실 액체는 온도와 압력 변화에 따른 부피 변화가 적기 때문에 부피 변화를 무시할 수 있습니다. 압축률이 낮다는 이야기입니다.

예외 물질이 있습니다. 바로 물입니다. 물은 어는점 0℃ 이하로 낮아지면 액체에서 고체로 상태가 변하며 부피가 커집니다. 물 분자(H_2O)의 수소(H) 원자와 산소(O) 원자 사이에 발생하는 수소결합 때문입니다. 원자와 원자 간 발생하는 화학결합보다 수소결합은 분자 간 결정 모양을 가져 부피가 증가합니다. 커다란 눈사람이 한 컵의 물로 변합니다.

석유의 특성으로 다시 돌아가면, 우리는 탄화수소 혼합물의 화학적 성질을 이해하기 위해 땅속 석유와 함께 있는 가스의 용해 작용을 알아야 합니다. 천연가스◆는 높은 온도와 압력 조건에서 액체인 석유에 용해됩니다. 석유는 가스가 용해되면서 부피가 증가합니다. '용해도'라는 용어가 있는데, 이는 특정 온도와 압력에서 용질(가스)이 용매(석유)에 녹을 수 있는 정도입니다. 코코아가 따뜻한 우유에 녹는 용해 현상과 같습니다. 최대로 녹은 정도를 '포화 상태'라고 합니다. 아래처럼 인과관계를 그려보면 더욱 이해하기 쉽습니다. 머릿속으로 순서에 따라 현상을 떠올려 보세요.

① 온도와 압력 모두 증가 → ② 가스에 대한 석유 용해도 증가 → ③ 석유 부피 증가 → ④ 포화 상태 → ⑤ 지속적인 압력 증가 → ⑥ 석유 부피 감소

위 ⑤에서 온도 조건을 제외했습니다. 석유를 생산할 때 땅속 저류층에서 온도 변화는 압력 변화보다 작으므로 일정한 온도인 항온 조건에서 압력 변화만 고려했습니다. ⑥에서 압력이 증가함에 따라 석유 부피가 감소하는 이유는 포화 상태에서 더 이상 가스가 용해되지 못하면 액체가 압축되기 때문입니다. 이와 같은 가스의 용해는 탄산음료에서 쉽게 찾아볼 수 있지요. 비록 온도는 낮지만 압력을 높여 가스를 용해시킨 형태입니다.

3부 화학으로 탐구한 석유 에너지

지금까지는 땅속의 석유가 채굴되어 땅 위로 나왔을 때 부피 변화를 일으키는 조건을 살펴봤습니다. 이제는 조건 변화에 따른 석유 부피 변화율을 지시하는 용적계수에 대해 알아볼게요. 어떤 탄화수소로 구성되어 있느냐에 따라 용적계수가 달라집니다. 석유는 개별 성분과 특성에 따라 고유한 화학적 성질인 용적계수 값이 있습니다. 친구끼리라도 체격이 조금씩 다르듯이 용적계수 값에 차이가 있습니다. 용적계수는 특정 압력 상태에서 부피를 표준 상태로 변환했을 때 나타내는 부피로 나눈 값입니다.

용적계수를 알면 어떤 압력 조건의 석유든 표준 상태로 부피를 변환하여 계산할 수 있습니다. 석유는 땅속 수천 psi 압력과 100℃가 넘는 온도 조건까지 다양한 환경에 묻혀 있어서 압력과 온도 변화는 석유의 화학적 상태를 확인하기 위해 알아야 할 중요한 요소입니다.

과학과 친해지기

다른 에너지로 변환될 뿐 에너지 총합은 일정하다

에너지 보존 법칙◆은 물질의 질량에 저장되는 에너지 총합이 다른 에너지로 전환될 때 일정하게 보존된다는 이론입니다. 여기서 말하는 에너지에는 질량 내부 에너지(열역학적 에너지)와 기계역학적 에너지가 있어요. 열역학적 에너지는 내부 에너지, 열, 절대 일(시스템이 외부에 한 일)이고, 기계역학적 에너지는 기타의 일(마찰 등), 위치 에너지, 운동 에너지, 이동 일로 구분할 수 있습니다. 일곱 가지로 나뉘는 에너지에 대한 총합이 보존된다는 이 이론은 물리학의 바탕이 되는 중요한 법칙이지요.

어느 한 에너지가 감소하면 다른 에너지가 증가하면서 에너지의 총합은 항상 일정하다는 점에 유의하며 주변에서 일어나는 변화를 관찰해 보면 다양한 이야기를 발견할 수 있습니다. 예를 들어 번지점프를 보면, 출발점에서는 위치 에너지가 매우 높고 운동 에너지는 없습니다. 그러나 하강하면서 위치 에너지는 감소하고 운동 에너지는 증가합니다. 하강 도중에는 위치 에너지가 운동 에너지로 변환되며, 착지할 때는 운동 에너지가 최대치에 도달하고 위치 에너지는 거의 없어집니다. 총 에너지는 일정하지요.

석유에서 나오는 가스

높은 온도와 압력을 받는 석유는 구성 성분에 따라 가스 용해도가 다릅니다. 땅속 석유 중 분자량이 적고 가벼운 탄화수소 혼합물은 가스 함량이 많고, 분자량이 많아 무거운 탄화수소 혼합물은 가스 함량이 적습니다. 유전에 매장된 석유는 탄화수소 가스가 포화 상태일 수도 있고 불포화 상태일 수도 있지요. 마치 탄산이 가득 찬 콜라일 수도 있고 아닐 수도 있습니다. 왜냐하면 탄화수소가 생성되던 초기에 유기물질로부터 탄소가 하나이고 수소가 네 개인 알케인(alkane) 계열(Alkane, C_nH_{2n+2})의 메테인(CH_4)부터 탄소 수가 증가하며 분자량이 많아지는 탄화수소까지 복합적으로 일정하지 않게 생성되기 때문입니다. 탄화수소 혼합물의 성분은 땅속 온도와 압력이 어떠하냐에 따라 결정됩니다.

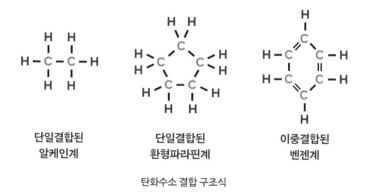

| 단일결합된
알케인계 | 단일결합된
환형파라핀계 | 이중결합된
벤젠계 |

탄화수소 결합 구조식

석유의 화학적 특성을 다루기 전에 알아 둘 한 가지가 있습니다. 석유에서 발견된 대부분 탄화수소는 탄소와 탄소 간 단일 결합 형태를 한 알케인 계열의 지방족 포화 탄화수소라는 사실입니다. 여기서 결합은 탄소 원자들 간 전자를 공유하는 화학결합입니다. 나아가 몇 개의 전자를 공유하느냐에 따라 단일결합과 이중결합으로 구분합니다. 이외에 화학적으로 석유를 구성하는 원자를 분석한 결과, 석유에서 발견되는 탄화수소 종류는 약 18가지가 있으나, 일반적으로 아래 네 가지가 주를 이룹니다.

- 알케인계(분자식: C_nH_{2n+2}) — 탄소 원자 간 단일결합
- 환형파라핀계(분자식: C_nH_{2n}) — 탄소 원자 간 단일결합
- 벤젠계(분자식: C_nH_{2n-6}) — 탄소 원자 간 부분적 이중결합된 고리 구조
- 아스팔트계(탄소 원자 40~60개로 구성된 고체 또는 반고체 상태)

탄화수소의 관용명(오래전부터 널리 쓰이는 화합물의 명칭)으로는 파라핀, 나프틴, 방향족, 아스팔트가 있습니다. 다음 '알케인 계열 탄화수소' 표는 잘 알려진 알케인 계열 중 탄소 원자를 열 개까지 포함한 탄화수소입니다.

알케인 계열 탄화수소

탄소가 한 개인 메테인에서 네 개인 부테인까지는 상온에서 기체 상태입니다. 아래 표에서 볼 수 있듯이 탄소 수가 적은 메테인, 에테인, 프로페인, 부테인의 끓는점(액체 → 기체)이 상온보다 낮기 때문입니다. 압력과 온도가 높은 저류층에서는 석유에 용해되어 액체 상태가 됩니다. 용해된 가스는 석유와 함께 지층 속에서 액체 상태로 혼화되어 있습니다. 사이다 페트병에 탄산과 혼합되어 있는 모습과 같습니다.

혼합물은 신기할 만큼 혼합된 물질들의 개별 특성을 잃지 않는데요. 쉽게 찾아볼 수 있는 예로 소금, 모래, 쇳가루가 혼합되어 있을 때 분리하는 방법이 있습니다. 세 가지가 섞인 혼합물은 물에 대한 용해 성질과 자석의 자성을 이용해서 쉽게 분리할

일반명	메테인	에테인	프로페인	부테인	펜테인
분자식	CH_4	C_2H_6	C_3H_8	C_4H_{10}	C_5H_{12}
상태	기체	기체	기체	기체	액체

일반명	헥세인	헵테인	옥테인	노네인	데케인
분자식	C_6H_{14}	C_7H_{16}	C_8H_{18}	C_9H_{20}	$C_{10}H_{22}$
상태	액체	액체	액체	액체	액체

알케인 계열 탄화수소

수 있습니다. 이 같은 논리로 보면 석유에 포함된 탄화수소 혼합물은 탄화수소별 특성에 따라 분리할 수 있습니다.

자연적으로 발생하는 현상은 압력 감소입니다. ① 탄화수소가 부존하는 초기 저류층 상태에서는 유체를 생산하면서 압력이 떨어집니다. ② 유체에 가해지는 압력은 땅속 높은 압력에서 지표로 올라오면서 대기압까지 낮아집니다. ①, ②와 같은 조건에서 석유에 용해되어 있던 가벼운 탄화수소는 기체 상태로 변환합니다. 수반가스 또는 용해가스◆라고 합니다. 석유를 생산하면서 함께 생산하는 수반가스는 땅속 석유에 용해되어 있던 성분입니다. 화학적 결합이 아니고 균일하게 혼합되어 있던 탄화수소들은 압력의 높고 낮음에 따라 기체 상태로 변환합니다. 그렇다면 반대 상황에서는 어떻게 될까요? 땅속과 같이 압력을 높이면 수반가스는 다시 석유 속으로 용해될까요? 정답은 '그렇다'입니다. 이론적으로 배출된 가스는 저류층과 동일한 온도와 압력 조건으로 높이면 다시 석유에 용해되어 액체 상태가 될 수 있습니다.

우리는 석유와 함께 생산하는 수반가스의 양에 따라 탄화수소 혼합물에 얼마나 많은 가스 성분이 용해되어 있는지 추정할 수 있습니다. 수반가스의 양에 따라 석유를 분류하기도 합니다. 이는 표준 상태로 생산한 1배럴(=158.9리터)의 석유와 함께 지표로 얼마나 많은 가스가 생산되는지를 비율로 표시하여 탄

3부 화학으로 탐구한 석유 에너지

수반가스 양	< 500 SCF	< 8,000 SCF	< 70,000 SCF	< 100,000 SCF	100,000 SCF <
분류	저-수축성 (비휘발성 석유)	고-수축성 (휘발성 석유)	가스- 컨덴세이트	습성 가스	건성 가스

＊ SCF(Standard Cubic Feet)는 부피를 나타내는 단위(1 SCF≈0.0283168m³)

수반가스 양에 따른 석유 분류표

화수소 혼합물 품종을 구분하는 지표(Gas Oil Ratio, GOR)로 사용합니다.

수반가스에 따른 분류를 보면 석유가 얼마나 분자량이 작은 탄화수소를 많이 포함하고 있는지 가늠해 볼 수 있습니다. 유전에서 석유를 생산할 때 얼마나 많은 가스가 수반되어 생산될지 추정하는 기초 데이터죠. 이처럼 화합물과 다른 혼합물의 특성을 이해하고 있다면 수반가스가 생산되는 원리도 쉽게 알 수 있습니다.

과학과 친해지기

혼합물과 화합물의 차이

우리가 숨 쉬는 공기는 혼합물입니다. 대류권에서는 대기의 순환으로 균일 혼합물 상태를 유지하고 있기 때문에 질소, 산소, 아르곤, 이산화탄소 등 개별 성분을 구별할 수 없습니다.

그렇다면 화합물은 무엇일까요? 자동차나 공장 배기구에서 나오는 매연가스를 예로 들 수 있습니다. 공기와 함께 가솔린, 디젤 등 화석 연료가 엔진룸에서 열(연소) 또는 압축력에 의해 화학적 반응을 일으켜 만들어진 일산화탄소, 이산화탄소, 황산화물(SOx), 질소산화물(NOx) 등을 말합니다. 혼합물은 두 개 이상의 원자가 화학적으로 반응하여 새로운 물질로 생성되어 새로운 특성을 갖는 순수한 물질입니다.

케첩, 꿀, 석유가
미끄럼틀을 타면?

유체♦는 현재 위치한 곳에서 다른 곳으로 이동할 때 저항하려는 성질이 있습니다. 그 보기로 식탁에 떨어진 물방울은 바람을 세게 불어야 움직입니다. 원래 가지고 있던 형태를 유지하려는 이러한 힘은 유체가 흐를 때 나타나는 저항이며, 점성도♦라고 표현합니다. 이 성질은 화학적 특성 중 하나입니다. 점성도가 높을수록 유동이 어렵거나 느리고 더 끈적입니다. 반대로 점성이 낮으면 유체가 더 빠르고 쉽게 흐를 수 있습니다. 걸죽한 호박죽보다 초코라떼의 점성도가 낮습니다. 점성도는 물질의 고유한 특성 중 하나이며 유체가 얼마나 잘 흐를 수 있는지를 나타내는 지표입니다.

기체와 액체를 비교해 보겠습니다. 공기와 물 중에 어떤 상태의 물질이 같은 힘을 받았을 때 더 빠르게 이동할까요?

당연히 기체 상태인 공기입니다. 하지만 물질의 점성도는 항상 일정하지 않습니다. 같은 물질이라도 온도와 압력에 따라 저항력이 다르게 변합니다. 설탕으로 뽑기(달고나)를 만들 때 고체 상태인 설탕은 열이 가해지면서 점차 액화됩니다. 이는 상태 변화이지만, 녹은 액체 설탕물에 열을 제거하면 점점 굳어가는 현상을 관찰할 수 있습니다. 마법의 소다 가루가 더해지고 식으면서 액체 설탕물의 점성은 점점 높아집니다. 완전히 굳기 전에 우산 모양의 틀로 찍어 내면 만들기 어려운 고난도의 맛있는 달고나가 완성되지요. 온도에 따라 점성이 달라지는 변화를 일상에서 찾아볼 수 있습니다.

지층에 묻혀 있는 석유는 온도의 영향을 많이 받습니다. 지열에 의한 높은 온도는 석유의 점성을

성분 특성마다 점성이 다른 유체

낮추는 요소로 작용합니다. 그러나 석유를 지표로 채굴하면 온도가 감소하면서 점성도가 높아집니다. 온도에 민감한 특성 때문입니다. 일반적으로 대기 상태에서 석유의 점성도는 물보다 높습니다.

자, 문제를 하나 내볼게요. 케첩, 꿀, 석유를 미끄럼틀에 태우면 어떤 물질이 더 빠르게 내려올까요? 세 가지 물질이 받는 힘은 중력만 존재한다고 가정할 때 점성에 따라 물질이 도달하는 시간이 달라집니다. 석유, 꿀, 케첩 순으로 빠르게 내려옵니다. 물론 하나의 석유가 물질 전체를 대표할 수는 없습니다. 석유를 구성하는 화학적 성분에 따라 다양한 특성의 탄화수소 혼합물이 만들어지기 때문입니다.

앞서 캐나다 오일샌드라는 비전통 원유에 대해 언급했는데

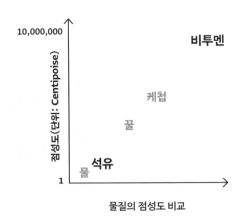

물질의 점성도 비교

3부 화학으로 탐구한 석유 에너지

요. 비전통이라는 용어는 일반적이지 않은 오일샌드의 특성 때문에 붙여진 이름입니다. 걸쭉한 라면 요리 같습니다. 일반적이지 않죠? 오일샌드라는 퇴적암층에는 가벼운 탄화수소 성분이 모두 빠져나가고 무거운 탄화수소만 모래, 점토 등과 함께 모여 쌓여 있습니다. 원유나 석탄, 아스팔트, 피치 등 오일샌드에 남아 있는 탄화수소 혼합물을 총칭하여 비투멘◆이라고 합니다. 손으로 만졌을 때 검은색 석탄처럼 무겁고 끈적끈적한 느낌이 드는 물질이고 케첩보다도 높은 점성을 지니고 있어 자연 상태에서는 흐르지 않습니다.

과학과 친해지기

땅속과 땅 위에서 같은 듯 다른 석유

땅속에 있는 석유의 점성도◆는 지표면에서 관찰할 때와 다릅니다. 겉보기에는 같은 석유라 생각할 수 있지만 땅속을 빠져나오는 과정에서 여러 가지 변화가 일어납니다. 그중 점성도에 가장 크게 영향을 미치는 현상은 땅 위로 올라오면서 압력이 낮아져 수반가스가 모두 배출된다는 점입니다. 가벼운 탄화수소가 제거된 석유는 분자량이 높은 물질만 남았기 때문에 유동에 대한 저항이 더 세집니다. 따라서 지표에서 채취한 석유의 점성도는 땅속 석유의 점성도보다 더 큽니다. 매장에서 먹는 자장면은 따뜻한 상태를 유지하기 때문에 자장 소스의 점성이 낮아지고 면과 더 잘 어우러져 배달 음식보다 더 맛있는 게 아닐까요?

유가를 정하는
기준이 되는 유종

유조선이 난파하거나 충돌하여 원유가 유출되면 바다 위에 기름띠가 둥둥 뜨게 됩니다. 원유♦는 물보다 가벼운 밀도(단위 부피당 질량) 때문에 바다에 가라앉지 않습니다. 밀도 차이는 물질과 물질을 분류하기도 하지만 같은 물질 안에서 혼합물의 농도를 추정하는 척도이기도 합니다. 예를 들어 같은 컵에 담긴 동일한 양의 소금물 염분을 가늠하기 위해 저울로 무게를 측정하면 무거운 컵에 담긴 소금물이 더 짤거라고 추측할 수 있습니다. 밀도는 간단한 정의이지만 물질의 특성을 결정하는 주요 성분이 어떻게 구성되어 있는지를 간접적으로 알려 주는 지표입니다.

밀도는 석유의 종류를 구분하는 중요한 기준 중 하나입니다. 석유 에너지 분야에서는 단순한 밀도 값 대신, 이를 표준 물질과 비교한 비중을 기준으로 활용합니다. 액체의 경우 표준 물질은 물, 기체의 경우 공기를 기준으로 삼아 석유의 특성을 보다 정확하게 정의할 수 있도록 했습니다. 이 비중은 미국석유협회(American Petroleum Institute, API)가 제시한 API 비중을 산정하는 데 사용합니다. 참고로 물은 비중이 1이며 API 비중이 10입니다. API 비중이 10보다 크면 물보다 밀도가 낮고, 10보다 작으면 물보다 밀도가 높아 물에 가라앉습니다. API 비중은 물 밀도 대비 원유의 비중을 계산하여 구합니다.

　석유의 특성 중 하나인 API 비중은 유사한 화학적 성질을 보이는 범위로 구분하여 나눕니다. 일반적인 원유는 10◆API에서 70◆API 범위 값을 가지고 있습니다. API 비중이 38보다 크면 경(輕)질유로 분류하며 탄소 원자 수가 적은 탄화수소 함량이 많습니다. 50◆API에 가깝거나 더 큰 원유는 초경(輕)질유인 컨덴세이트◆로 분류하며 연한 투명 노란색을 띠고 분자량이 적은 액체 탄화수소로 구성되어 있습니다. API 비중이 22보다 낮

API 비중	< 22 <	< 38 <	< 50 <
분류	중(重)질유	중(中)질유	경(輕)질유　초경(輕)질유

✳ 미국 에너지정보청 제안 기준

API 비중에 따른 분류

아지면 분자량이 높은 탄화수소가 많아 검은색을 띠는 원유 모습을 보입니다. 이를 중(重)질유로 분류합니다. API 비중이 22와 38 사이에 있는 원유는 중(中)질유라 구분합니다. 보이는 겉보기 색은 달라도 모두 석유입니다. 'API 비중에 따른 분류' 표는 API 비중을 기준으로 원유의 종류를 나눈 것입니다.

　API 비중에 따라 분류해 놓은 원유는 구성 성분이 다르며, 소비자들이 사용할 수 있는 상품으로 만들기 위해 필요한 정제◆공법에서도 차이가 있습니다. 예를 들어 분자량이 높은 탄화수소는 휘발유, 경유와 같은 성분의 함량이 적습니다. 성분의 차이는 석유가 만들어지는 환경에서부터 생겨나며 지역적으로 석유의 품질이 달라지는 원인입니다. 여기서 잠깐, 원유의 가격인 유가를 결정하는 유종(원유의 종류)에 대해 살펴보면, 중동 두바이(Dubai)에서 생산하고 거래되는 두바이유는 보통 중(中)질유입니다. 영국 북해의 브렌트(Brent)유와 미국 텍사스주에서 생산하는 WTI(West Texas Intermediate)유는 경(輕)질유입니다. 세 개의 유종을 세계 3대 기준 유종이라고 하는데, 이외에도 수십 개가 넘는 지역별 대표 유종이 있습니다. 기준 유종은 석유의 가격을 정하는 지표로 활용되며, 안정적으로 같은 품질의 석유를 지속적으로 공급해 주는 지역 또는 유전이나 지역 이름으로 정합니다. 사과를 재배하는 지역 이름을 붙여 홍천 사과, 청송 사과, 밀양 얼음골 사과, 예산 황토 사과라고 하듯이 말이죠. 다른 유전에서

　3부 화학으로 탐구한 석유 에너지

생산하는 원유는 기준 유종과 품질을 비교하여 상대적인 유가를 공급자와 수요자 간에 합의하여 정합니다.

기름, 석유, 원유는 무엇이 다를까?

왜 기름, 석유, 원유는 비슷한 듯 다르게 부를까요? 어떤 차이점이 있을까요? 일상에서 사용하는 기름은 사전적 의미로 물보다 가벼워 수면 위에 뜨며 연소성, 즉 물질이 산소와 화합하여 많은 빛과 열을 내는 성질이 있습니다. 동물성과 식물성 원료로부터 추출하는 기름과 광물에서 나오는 기름을 모두 일컫습니다. 기름에는 식용유, 휘발유, 석유 모두 포함됩니다. 가장 상위 용어이지요.

석유는 기름 중 광물에서 자연적으로 생성되는 탄화수소 혼합물입니다. 용어 그대로 돌에서 나온 기름입니다. 액체와 기체 상태의 탄화수소 혼합물을 포함하며 기체 상태는 천연가스로 구분하여 부르기도 합니다. 원유는 땅속에서 뽑아낸 석유에서 가스 성분을 제외한 액체 기름입니다. 소비자가 사용하는 휘발유와 디젤로 정제되기 전에 부르는 이름입니다. 정제를 거치면 성분에 따라 휘발유, 항공유, 경유, 등유처럼 상품명이 생깁니다.

① **기름(Oil)** 상온에서 액체 상태이며 물보다 가벼운 가연성 물질
② **석유(Petroleum, 石油)** 땅속 암석에서 자연 발생적으로 생성된 탄화수소 혼합 물질
③ **원유(Crude Oil)** 땅 위로 뽑아낸 그대로의 정제하지 않은 기름
④ **휘발유, 항공유, 경유, 중유 등** 원유를 정제하여 목적에 맞게 가공한 원료 제품

뉴스에서 '원유 유출'이라는 제목을 종종 보았을 텐데요. 가스가 제거된 액체 원유를 말합니다. 물론 '석유 유출'이라 표현해도 석유가 원유를 포함하므로 아예 틀린 말은 아니에요.

표면장력까지 알면
나도 공학 박사

서로 다른 물질이 만나면 경계면(계면)이 생깁니다. 기체와 액체 또는 액체와 액체 등 성질이 다

3부 화학으로 탐구한 석유 에너지

른 상태의 물질이 만나면 각 물질이 자신의 성질을 유지하려는 힘 때문에 경계가 만들어집니다. 예를 들어, 물 위에 식용유 같은 기름을 부었을 때 두 액체 물질은 섞이지 않고 접촉하는 면을 이루지요. 물은 물 분자 간에 서로 잡아당기는 인력이 작용하고, 기름은 기름 분자 간에 형태를 유지하려고 끌어당기는 힘이 있어 물과 기름이 서로 섞이지 않습니다. 이때 하나의 물질이 액체이고 그 사이에 생성되는 경계에 작용하는 힘을 표면장력◆이라고 합니다.

무심코 지나쳤던 일상 속에서도 표면장력의 예를 쉽게 찾아볼 수 있습니다. 강이나 하천으로 떨어진 낙엽이 가라앉지 않고 물 위에 떠 있는 상태도 그 예입니다. 떡국에 마지막으로 뿌려진 맛있는 김 조각들이 표면 위에 보기 좋게 떠 있는 것도 표면장력이 존재하기 때문이죠. 이처럼 표면장력은 액체 표면에서만 작용하는 힘이지만, 물질이 가지는 세 가지 상태(고체, 액체, 기체) 중 서로 다른 두 가지 상태가 만났을 때 경계면에서 작용하는 일반적인 힘을 계면장력◆이라고 부릅니다.

분자와 분자 입자 간 인력은 석유의 화학적 특성을 이해하는 데 핵심적인 역할을 합니다. 땅속 암석 내 미세한 공극에 분포하는 석유는 종종 물이나 가스와 함께 존재합니다. 따라서 이들 유체 사이에 작용하는 힘은 석유가 어떻게 이동하고 흐르는지를 결정짓는 중요한 요인입니다. 예를 들어, 표면장력이 클수록 유체는 분자 간에 응집해 있으려는 성질이 강해집니다. 또한 공극 안에서 고립되어 응집하는 비율이 높습니다. 반대로, 광물 입자에 잘 달라붙는 흡착성 유체라면 분자 간 강한 인력 때문에 흐름을 방해하는 힘이 더 세게 작용합니다. 이러한 특성은 땅속 에서 석유를 생산하기 위해 꼭 알아야 할 정보입니다. 그래야 얼마나 빠르게 석유를 남김없이 생산할 수 있는지 계산할 수 있으니까요.

표면장력은 온도에 따라 변합니다. 낮은 온도에서는 입자 간 간격이 좁아 인력이 높지만, 반대로 온도가 높아지면 표면장 력은 낮아집니다. 겨울엔 친구들과 가까이 붙어서 걷지만 무더운 여름엔 옆에 스치기만 해도 더위 때문에 불쾌해서 멀리 떨어져 걷는 우리의 행동과 비슷합니다. 땅속 석유의 표면장력을 알고 싶다면 지층과 같은 온도와 압력 조건에서 실험한 결과를 확인해야 합니다. 온도와 압력에 민감하게 변하기 때문입니다.

과학과 친해지기

표면장력✦을 없애는 방법

계면장력이 높을수록 암석으로부터 분리하기가 쉽지 않아요. 대표적으로 땅속 광물 입자를 감싸고 있는 석유가 그렇습니

3부 화학으로 탐구한 석유 에너지

다. 어떻게 액체 물질의 고유 특성인 표면장력을 없앨 수 있을까요? 암석에 머물러 있는 잔여 석유를 더 많이 생산할 수만 있다면 충분한 에너지 자원을 확보할 수 있을 텐데요.

해답은 가까운 데서 찾을 수 있습니다. 만약 손에 기름이 묻으면 어떻게 하세요? 비누로 닦아 냅니다. 그렇습니다! 정답은 비누와 같은 계면활성제 성분입니다. 계면활성제는 물에도 녹고(물을 좋아하는 친수성), 기름에도 녹아서(물을 싫어하는 소수성) 두 물질이 섞일 수 있게 합니다. 그래서 석유 회사는 땅속으로 계면활성제 성분의 화학물질을 주입하기도 합니다. 석유가 계면활성제를 만나 표면장력이 낮아지면 광물 입자에서 분리되어 생산하는 데 도움이 됩니다. 이렇듯 우리가 아는 과학은 산업 현장 곳곳에서 활용됩니다.

6 | 천연가스는 어떤 특성이 있나?

가스를 설명하는 법칙
온도와 압력에 따라 변하는 성질
천연가스 탄화수소가 갖는 다양한 물리적 성질

우리 주변에는 힘들고 위험한 일을 묵묵히 해내는 소중한 사람들이 있습니다. 경비원 아저씨, 환경미화원, 경찰관, 소방관, 버스 기사님 등 많은 분이 없어서는 안 될 꼭 필요한 존재지만 우리는 고마움을 쉽게 알아차리지 못합니다. 이처럼 눈에 보이지 않는 기체 또한 그 특성을 쉽게 확인하기가 어렵습니다.

학자들은 오랜 시간 공기를 포함한 기체 분자들이 집단으로 보이는 성질을 알아내려고 수많은 실험을 했습니다. 실험을 통해 얻은 데이터로 기체를 표현하는 수식을 도출해 냈습니다. 기체는 액체 상태에서 기화하든 고체 상태에서 승화하든 이전

3부 화학으로 탐구한 석유 에너지

상태에서 보였던 화학적 특성과 차이를 보입니다. 성질의 차이는 기체를 이루는 분자 간 간격이 멀어져 높은 운동 에너지를 갖는 데서 비롯됩니다. 또한 기체는 온도와 압력이라는 변수에 따라 성질이 변합니다. 기체의 특성은 천연가스를 설명하는 기체 상태의 탄화수소에도 적용됩니다. 대표적인 특성에 어떤 것들이 있을까요?

천연가스◆는 액체 상태의 석유와 마찬가지로 땅속 암석에서부터 자연 발생적으로 만들어진 다음 주어진 지층 온도와 압력에서 기체 상태로 존재하는 탄화수소 혼합물입니다. 석유뿐만 아니라 땅속에 매장되어 있는 기체 형태의 탄화수소◆는 천연가스로서 중요한 에너지원 중 하나입니다. 가스는 연소 시 석탄이나 석유보다 완전연소에 가깝게 화학 반응하여 온실가스 배출률이 낮다는 점에서 주목받고 있습니다. 기후 변화에 미치는 영향을 줄이기 위해 유럽을 비롯한 선진국들은 석탄의 대체 발전 연료로 천연가스를 채택하고 있습니다. 한편에서는 천연가스◆가 화석 연료에서 청정에너지로 가는 길목의 징검다리 역할을 할 것이라고 말합니다.

화제의 중심에 선 천연가스◆는 사실 우리에게 친숙한 에너지원입니다. 대다수 가정에서 난방을 하거나 조리할 때 도시가스라고 불리는 LNG◆(액화 천연가스)를 사용하고 있습니다. 도로에서 달리는 택시 중에는 LPG◆(액화 프로판가스) 연료를 사용하는 차량이 많이 있어요. 캠핑장에서 사용하는 부탄가스도 있습니다. LNG는 발전소 연료로도 많이 도입되고 있습니다.

　다방면으로 에너지 시장을 점유하고 있는 천연가스를 이해하려면 땅속에서나 땅 위로 가스를 채굴했을 때 나타내는 화학적 성질을 알아야 합니다. 이 장에서는 기체 상태 탄화수소의 특성을 설명하는 이론과 함께 천연가스에 관한 궁금한 이야기를 살펴볼게요.

과학과 친해지기

이론식과 경험식은 무엇이 다를까?

과학을 배울 때 이론식(Theoretical Equation)과 경험식(Empirical Equation)이 나오는데요. 이 둘의 차이는 정확히 뭘까요? 용어가 함축한 의미를 파헤쳐 보면 훨씬 이해하기 쉽습니다.

이론식은 용어 그대로 학자들이 이론적으로 검증해 반증 없이 널리 사용하는 공식을 말합니다. 처음 식을 발견하고 제안한 학자는 자연에서 화학적 현상을 설명하기 위한 가설과 실험 결과를 토대로 공식을 만들어 냈으며, 이는 실험 데이터를 기반으로 한 수학적 표현일 수 있습니다. 이 식이 반론 없이

　　　　　　　　　　3부 화학으로 탐구한 석유 에너지

현상을 타당하게 설명한다고 학계에서 받아들여지면 이론식으로 정립됩니다.

경험식은 모든 현상에 보편타당하게 적용할 수 있다기보다는 같은 경험을 바탕으로 하는 배경에 더 정확하게 활용할 수 있는 식입니다. 예를 들어 아시아에서 얻은 빅데이터로 나이별 평균 키를 산정하는 수식을 제안할 경우 미국이나 유럽 등에 적용하면 정확성과 신뢰도가 떨어집니다.

경험식은 때로 실험식이라고 불립니다. 수식으로 얻어지는 다양한 영향인자에 대한 상관관계를 특정 현상에서 반복한 실험으로 얻어 내기 때문입니다. 물론 이 설명은 일반적인 정의이며 분야별로 다르게 해석하기도 합니다. 일상에서 반복하는 행동을 루틴이라 하는데, 나만의 루틴에서 경험식을 만들 수 있을지도 모릅니다. 즐거운 루틴을 많이 끼워 넣으세요.

보일과 샤를-게이뤼삭, 그리고 아보가드로의 법칙

가스는 특정한 모양이 없습니다. 시료 채취 용기나 정해진 공간 안에서는 균일하게 모든 부피를 채웁니다. 풍선 안에 주입한 공기는 풍선 속 어느 지점에서나 질소와 산소의 비율을 일정하게 유지합니다. 땅속에 매장되어 있는 천연가스는 구조◆라고 일컫는 지하 공간 안에 있으며 암석의 공극 내에 균일하게 분포합니다. 이 지층을 저류층◆이라 하고, 탄화수소는 높은 온도와 압력 조건에서 기체 상태로 있습니다. 우리는 기체 중 가스 상태의 탄화수소가 나타내는 특성을 살펴보기 위해 몇 가지 중요한 법칙을 알아야 합니다. 잠시만 집중해서 읽어 보세요.

첫 번째로 보일의 법칙(Boyle's Law, 1662)입니다. 보일은 온도를 일정하게 유지할 때 기체의 부피(Volume, V)는 압력(Pressure, P)에 반비례한다는 걸 발견했습니다. 이론에 따르면 압력이 높아지면 부피가 줄어들고, 반대로 압력이 낮아지면 단위질량의 물질이 차지하는 부피인 비체적◆이 증가합니다.

풍선을 가득 채운 기체

3부 화학으로 탐구한 석유 에너지

하늘로 떠오르는 열기구(AI 과학 활용)

두 번째로 소개하는 정의는 샤를-게이뤼삭의 법칙(Charles, 1787-Gay-Lussac's Law, 1802)입니다. 앞서 보일이 제안한 기체의 특성이 나오고 100여 년이 흐른 뒤 발표됐습니다. 게이뤼삭은 샤를이 연구한 내용을 기초로 압력이 같을 때 기체의 부피(Volume, V)는 온도(Temperature, T)에 정비례한다는 관계를 찾아냈습니다.

온도가 증가하면서 부피가 변한다는 사실은 열기구에서 사용하는 원리입니다. 기낭이라는 풍선 모양의 공간 안으로 가열기를 이용해 내부 온도를 높이면 열기구는 주변의 공기보다 가벼워집니다. 그 과정을 순서대로 보면, '기낭 내 공기 가열 → 온

도 증가 → 부피 팽창 → 기낭 내 공기 질량 감소 → 열기구 상승'
순으로 이루어집니다. 열기구의 작동 방법은 데워진 공기가 상
승하고 차가워진 공기는 하강하는 대기의 순환과 같습니다.

　보일과 샤를, 게이뤼삭은 서로 만난 적이 없지만 후대에 그
들의 연구가 합쳐져 보일-샤를(또는 게이뤼삭)의 법칙이 나왔습
니다. 기체의 부피가 압력에 반비례하고 온도에 정비례하는 관
계를 표현합니다. 부피, 압력, 온도 사이의 상관관계는 탄화수소
가스를 이해하는 기초 이론이 되었습니다. 이를 통해 우리는 땅
속에 집적해 있는 가스가 열역학적 변수인 온도와 압력에 따라
변하는 관계를 이해할 수 있습니다.

　세 번째 이론은 아보가드로의 법칙(Avogadro's Law, 1811)입
니다. 아보가드로는 앞선 학자들이 세운 이론에 하나의 가설을
더 추가했습니다. 새로운 단위인 기체 1몰(mole)당 부피는 온도
0℃, 압력 1기압(atm)에서 측정한 결과, 기체 종류와 상관없이
유사하다는 사실입니다. 그가 발표한 가설은 '같은 온도와 압력
조건에서 기체의 종류와 관계없이 같은 부피 속에는 같은 분자
수가 들어 있다'라는 내용입니다. 분자 수는 6.022045×10^{23}개/
mole로 '아보가드로의 수(N)'라고 불립니다. 이 논리는 열역학
적 변수가 같다면 산소든 메테인이든 같은 부피 속에는 같은 분
자 수가 존재한다는 것입니다. 승용차에 5명만 탑승하는 모습과
유사합니다. 아보가드로 수만큼의 물질을 1몰이라 하고, 1몰의

질량은 분자량(Molar Mass, M)을 의미합니다.

여기까지 잘 따라왔다면 기체를 알기 위해 확인해야 할 이야기들을 머리에 잘 담은 셈입니다. 그러지 못했다고 해도 천연가스를 설명하는 법칙은 우리 주변에서 쉽게 관찰할 수 있습니다. 예를 들어, 공기를 주입한 배구공이나 풍선을 냉동고에 넣으면 온도가 낮아짐에 따른 부피가 줄어드는 모습을 확인할 수 있지요. 바람 빠진 공을 뜨거운 물에 넣으면 다시 공 안의 부피가 팽창하는 현상을 관찰할 수 있습니다. 하늘로 날아간 풍선은 대기압이 점점 낮아지면서 풍선 내부의 공기가 팽창해 터져 버리는 현상을 볼 수 있습니다. 이 세 가지 실험은 샤를의 법칙과 보일의 법칙을 잘 보여 줍니다.

세 가지 법칙은 1662년(보일)부터 1811년(아보가드로)에 이르기까지 수백 년에 걸쳐 세워졌습니다. 학자들은 화학적 현상을 일으키는 요인과 그 관계를 깊이 고민하며 실험을 통해 이 법칙들을 밝혀냈습니다. 기체의 특성을 연구한 학자들의 이런 노력으로 천연가스를 더욱 잘 이해할 수 있게 되었습니다. 기초 이론은 어디에나 보편적으로 설명할 수 있는 정의이기 때문입니다. 여기서 소개한 법칙들은 땅속과 땅 위, 그리고 생산 설비들을 거치며 온도와 압력의 변화에 따라 기체 상태의 탄화수소 가스를 묘사할 때 적용됩니다. 지금부터 다양한 과학 이론이 산업 현장에서 어떻게 확대 적용되는지 알아봅시다.

과학과 친해져야 하는 이유

이 책의 절반을 넘어가며 기본적인 질문을 던지고 싶은 독자가 있을 거예요. "왜 우리는 과학과 친해져야 하나요?"

과학은 우리 생활을 움직이는 시스템이라고 할 수 있습니다. 나사(NASA)의 우주·항공, 자율주행 자동차, 수소 에너지만 과학이 아닙니다. 내가 살아가면서 자는 집, 먹는 음식, 입는 옷을 포함해 생활 속 하나하나에 과학기술이 숨어 있으니 과학은 우리 생활과 떼려야 뗄 수 없습니다. 덕분에 우리는 발전된 기술로부터 혜택을 받으며 살아갑니다. 다양하고 창의적인 사고 속에서 과학은 사소하지만 작은 발견들을 해왔고, 그것들이 연결되어 수백 년에 걸쳐 발전해 왔습니다.

초기 과학은 '자연을 이용하고 통제하는 모든 시도'로 정의되었고, 고대 문명과 함께 시작되었습니다. 오늘날에는 '체계적인 지식'으로 그 의미가 한층 깊어졌죠. 지금처럼 자연스럽게 이해하는 지식을 융합해서 주변 사물을 조금 더 자세히 들여다보면, 누구나 쉽게 친해질 수 있는 게 바로 세상 곳곳에 녹아 있는 과학입니다.

천연가스*는 이상기체일까?

요즘 유행어 중에 '단짠단짠'이라
는 말이 있습니다. 여러 재료가 어우러져 한 가지 깊은 맛을 내
는 전통 요리와 다르게 서로 다른 단맛과 짠맛이 동시에 느껴지
는 현대식 요리를 경험할 때 쓰이는 단어이지요. 화학적으로 표
현하면 두 가지 물질이 불균일 혼합된 상태입니다. 혼합물은 개
별 물질의 특성이 나타나기 때문에 화학 반응에 의해 생성되는
새로운 물질과 구별됩니다. 땅속에 있는 탄화수소 가스도 이러
한 혼합물의 일종입니다. 알케인 계열의 메테인, 에테인, 프로페
인, 부테인, 펜테인 성분 등은 땅속 저류층 조건에서 가스 상태
로 존재하며 균일 혼합물을 이룹니다. 천연가스*는 탄소(C)와
수소(H)로 이루어진 탄화수소 화합물들이 섞여 있는 혼합물입
니다.

비록 혼합물은 분자량, 끓는점, 비중, 임계점 등 다른 특성
을 가진 물질들이 섞여 있지만 하나의 물질로서 대표되는 성질
을 보입니다. 그러한 천연가스의 특성을 알기 위해 선구자들의
가설이 어떻게 활용되는지 한번 들여다볼까요?

기체 상태를 정의하기 위해 학자들은 몇 가지 가정을 세웠
습니다. 그중 하나가 이상기체(Ideal Gas)입니다. 보일, 샤를-게이
뤼삭, 아보가드로의 법칙을 따르는 기체를 말합니다. 여기에 하
나 더 추가되는 이론이 돌턴의 법칙(Dalton's Law, 1801)입니다. 이

법칙은 혼합기체의 압력은 개별 기체의 부분 압력을 모두 합한 값과 같다는 내용입니다. 대기 중 공기의 압력은 질소, 산소, 아르곤 등의 공기를 구성하는 기체 성분이 갖는 압력의 총합이라는 이야기입니다. 1기압은 질소가 전달하는 압력, 산소가 주는 압력, 아르곤이 갖는 압력 등의 총합입니다. 돌턴이 제안한 법칙까지 총 네 개를 만족하는 가상의 기체는 다음과 같은 두 가지 조건을 가정합니다.

① 기체를 구성하는 분자 입자 자체의 부피는 무시할 수 있을 정도로 작아서 '0'에 가깝다.
② 기체 입자들은 완전 탄성 충돌이라 하여 입자들 사이에 상호작용하는 힘이 없다.

이상기체의 가정은 일반 기체들이 높은 온도와 낮은 압력 상태에서 보이는 성질과 비슷합니다. 하지만 대부분의 기체는 이상기체가 가정하는 조건을 만족하지 못합니다. 초등학생은 대체로 체구가 작지만, 어른처럼 큰 학생도 있듯이 탄화수소 혼합물도 마찬가지입니다. 실제 기체는 높은 압력과 낮은 온도 조건에서 분자 입자의 부피가 전체에 무시하지 못할 만큼 영향을 미치고 분자 간에 작용하는 인력도 큽니다. 따라서 이상기체를 가정한 정의들은 석유 에너지에 적용하기 위해 특별한 계수를 도입해야 합니다. 천연가스뿐만 아니라 이상과 실제의 이론적 차이를 줄이기 위해 실제 기체를 표현하는 데 적용하는 보정계수입니다.

자연에서 생성되는 천연가스는 땅속에 존재하는 저류층◆에 따라 성분이 다양합니다. 생성 환경과 저류층 조건에 따라 탄화수소 혼합물을 이루는 성분이 달라지기 때문입니다. 그러니 가스의 성분과 특성을 알아내려면 저류층에서 가스를 채취하고 실험실에서 분석해야 합니다. 탄화수소 혼합물이 나타내는 평균적인 화학적 성질을 찾기 위해 다양한 실험을 해 봐야 합니다. 실험 결과를 기체 법칙에 적용하면 온도와 압력의 변화에 따른 화

인도 MJ 해상 가스전의 부유식 생산시설(FPSO) 모습(출처. BP)

학적 현상을 예상할 수 있습니다. 때론 수많은 시료로부터 발견한 관계식과 경험식을 이용하여 대표적인 성질을 추정하기도 합니다. 이는 우리가 알고 있던 기초과학에서 벗어나지 않습니다.

압축성 높은 기체의 특성

기체는 고체나 액체보다 온도와 압력에 따라 부피가 더 크게 변합니다. 기체 분자는 분자 사이의 간격이 크고 운동 에너지가 높기 때문입니다. 환경에 따라 기체 분자의 이동 거리도 길어지고 공간 안에서 무질서하게 운동합니다. 어린이집에서 뛰어노는 아이들 같습니다. 기체의 특성은 하나의 분자가 아니라, 아주 많은 분자의 물리적 성질의 평균값으로 나타납니다. 그리고 분자 간의 거리가 멀고 운동 에너지가 높은 것은 주변 환경에서 전달하는 에너지에 따라 변동성이 크다는 이야기입니다. 이 때문에 기체는 쉽게 눌려서 부피가 줄어드는 성질(압축성◆)을 가지게 됩니다.

기체가 압축될 때 온도는 변하지 않고 오직 압력에 의한 변화를 설명하는 것을 등온 압축률◆이라고 합니다. 압력이 높아지면서 부피가 감소하는 변화율을 가리키기 위한 정의입니다. 사람이 내뿜는 가스도 몸속 장기에 머무를 때는 대기보다 높은 압력으로 압축되어 있지만 밖으로 배출되는 순간 부피가 커지는

3부 화학으로 탐구한 석유 에너지

현상은 비밀입니다!

천연가스◆는 땅속의 높은 압력(수백에서 수천 psi 범위)이 지
배하는 환경에 있습니다. 그러다 보니 압력에 따라 부피 변화
가 어떻게 달라지는지 알아야 합니다. 가스가 있는 저류층 환경
은 생산이 거듭될수록 암석 내 공극의 유체 압력이 감소하기 마
련입니다(그림 '외부 압력에 의한 기체의 부피 변화' 참고). 반대로 가
스 생산량을 늘리기 위해 저류층에 외부에서 높은 에너지를 주
어 압력을 높이는 방법을 쓰기도 합니다. 풍선에 공기를 주입하
고 날려 보낼 때 관찰되는 현상과 비슷합니다. 손에서 벗어난 풍
선은 처음에는 빠르게 가속하지만, 이내 풍선 안의 공기가 빠져
나가고 압력이 줄어들면서 속도가 느려집니다. 물론 이러한 현
상은 고무풍선의 재질인 고무에서 발생하는 탄성에너지도 함께

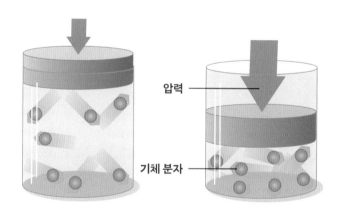

외부 압력에 의한 기체의 부피 변화

작용하기 때문입니다.

압축률은 가스 성분에 따른 화학적 특성입니다. 우리는 탄화수소 혼합물의 성분에 따라 압축률이 조금 더 높을 수도 있고 낮을 수도 있으므로 가스 성분에 따른 고윳값을 알아야 합니다. 메테인이 90%를 차지하는 가스와 프로페인이 90%를 차지하는 가스의 특성은 다르다는 말이죠.

압축성의 정의를 알면 땅속에서 높은 압력을 받던 가스가 땅 위로 나오면서 부피가 얼마나 커지는지 이해할 수 있습니다. 지표로 나온 가스에 대해 같은 조건에서 부피를 측정하는 산업계 표준이 있습니다. 이 조건은 액체 석유에서 소개한 표준 상태입니다. 가스의 부피를 특정 조건에서 표준 상태로 변환하기 위해 용적계수를 사용합니다. 계수는 땅속 가스 부피를 표준 상태의 가스 부피로 나눈 값이며, 저류층에 부존하는 가스 양을 같은 조건으로 도출할 때 사용합니다. 다르게 표현하면 땅속에서 높은 압력을 받는 $1m^3$ 부피의 가스가 지표의 표준 상태로 조건이 바뀌면 가스 성분에 따라 부피가 커지는(팽창) 현상입니다. 가스는 팝콘처럼 부피 변화가 큽니다.

다양한 혼합가스의 특징

온도와 압력은 기체 상태를 정의하는 중요한 요소입니다. 부피는 온도와 압력에 따라 변하는 화학적 특성을 가지고 있어요. 천연가스의 특징을 이해하기 위해 기체의 성질을 설명하는 보일과 샤를의 법칙을 다시 한번 살펴볼게요. 두 학자가 발견한 이론이 합쳐져서 이상기체의 상태를 표현합니다. 하지만 우리가 알고 싶은 천연가스는 탄화수소 혼합물로서 이상기체가 아닌 실제 기체의 성질을 가지고 있습니다. 이를 충족하기 위해 보정하는 특별한 계수가 필요합니다. 이상기체와 실제 기체와의 차이를 설명하는 수치이며, 가스의 성분, 온도, 압력에 따라 다른 값을 갖습니다. 실제 기체의 상태를 표현할 수 있는 관계가 모두 밝혀진 셈입니다.

천연가스의 특성을 이해하기 위해 여기까지 기나긴 법칙과 정의의 세계에 들어갔다 왔는데요. 복잡한 자연 현상을 이해하고 그 속에서 일어나는 화학적 현상을 간단한 문자로 표현하는 것은 어려운 일이지만 학자들이 이미 많은 부분을 밝혀 주었습니다. 온도와 압력에 따라 다양한 혼합가스에 어떤 화학적 변화가 일어나는지 그 관계를 알아냈습니다. 이 모두가 기초과학에 바탕한 것입니다.

목표 달성은 창의적 사고에 달려 있다

과학은 자연 원리를 문자로 풀고 수식으로 표현하는 과정을 담고 있습니다. 이 과정에서 우리는 알 수 없는 영역까지 파헤쳐 가며 생명 연장의 꿈을 안고 살아가며 무한한 에너지원을 개발하려고 애쓰지요. 에너지 회사는 땅속을 파내어 지구가 숨겨 둔 천연자원 에너지를 생산해 소비자에게 공급합니다. 그리고 전 세계 많은 국가가 노력하여 인공태양을 만들고 달에 우주기지를 건설할 목표를 세우고 있습니다.

이러한 목표를 달성할 수 있는지는 창의적인 사고와 탐구에서 출발합니다. 하늘을 나는 자동차를 만화에서 처음 본 어린 시절의 꿈이 실현되고 로봇과 친구가 되는 세상이 다가오는 건 과학기술에 달려 있습니다. 과학은 누구 한 사람을 위한 기술이 아니라 지구에 살고 있는 온 인류를 위해 꼭 필요한 분야인 만큼 앞으로 더 발전하여 세상이 윤택해지길 바랍니다. 그 여정에 여러분의 창의적인 사고도 함께하기를 기대해 봅니다.

전 세계는 어떤 에너지를 주로 사용할까?

둥그런 지구는 자전축이 23.5° 기울어진 상태에서 자전하고 태양 주위를 공전하면서 우리가 살아가는 데 필요한 다양한 에너지를 제공합니다. 여기에는 지구의 자연위성인 달도 일조하고 있지요. 태양 빛, 밀물과 썰물, 대기의 순환과 같은 자연 현상은 오늘날 재생 에너지로서 화석 연료가 차지하던 에너지 공급 부문에서 점유율을 높여 가고 있습니다. 물론 땅속에 묻힌 화석 연료는 여전히 주된 1차 에너지원으로 사용되지만, 그 외에도 세계 각국은 지리적 특성과 기후에 맞는 에너지원을 찾아내 1차 에너지로 활용합니다. 에너지 종류에는 태양, 풍력, 수력, 바이오매스 등을 포함한 재생 에너지, 그리고 원자력이 주요 에너지원에 포함됩니다.

아래 그림은 전 세계에서 어떤 에너지를 많이 사용하고 있는지를 보여 줍니다. 통계에 따르면 재생 에너지, 수력, 원자력 비중이 17% 정도를 차지합니다. 1900년대 초반까지 에너지 시장에서 석탄 에너지가 90% 이상을 차지하던 것과 비교하면 급격한 변화입니다. 이러한 변화는 탄소 중립을 달성하기 위해 전 세계가 노력한 결과입니다.

지구의 평균 온도가 산업화 시대 기준에서 1.5℃ 이하로만 상승하도록 유지하려면 탄소 중립 목표를 이루어야 합니다. 이를 위해 지금도 꾸준히 청정에너지로 전환이 진행되고 있습니

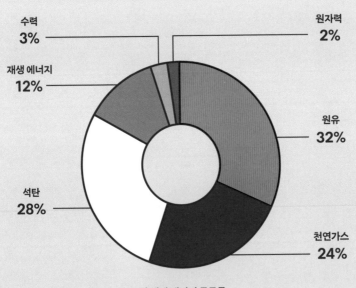

전 세계 에너지 공급률
(2022년 사용량 기준 / 출처. BP Energy Outlook, 2024)

3부 화학으로 탐구한 석유 에너지

다. 비화석 연료의 비중을 갈수록 늘리고 있습니다. 여기서 산업화 시대는 1880년에서 1900년 사이를 가리키며, 지구 평균 온도는 미국 해양대기청(National Oceanic and Atmospheric Administration, NOAA)에서 측정한 데이터에 따라 약 13.7℃입니다. 지구 평균 온도 13.7℃는 정확한 참값이 아니므로 절댓값 대신 상대적인 증가분 1.5℃를 목표로 삼았습니다.

전 세계 인구는 2011년 70억 명을 돌파한 데 이어 2024년에는 81억 명을 넘어섰습니다. 한국인의 158배가 넘는 인구가 지구에 더불어 살고 있지요. 한국의 인구수는 2020년대에 접어

지구를 움직이는 다양한 에너지원

들며 감소하는 추세이지만, 전 세계 인구수는 현재 그리고 미래에도 계속 증가할 것으로 예측됩니다.

인구가 늘어남에 따라 사람들이 보다 윤택한 삶을 누리기 위해 필요한 최소한의 에너지 수요도 함께 증가하고 있습니다. 에너지를 소모하는 인구수와 함께 요구량 또한 늘어난다고 하니 앞으로 전체 에너지 수요량은 당분간 계속 증가할 것이라고 학자들과 기관은 예측합니다('전 세계 최종 에너지 수요량의 두 가지 시나리오별 예측 그래프' 참고). 이들은 이러한 에너지 수급 문제를 해결하기 위해 과학기술에 큰 기대를 걸고 있습니다. 핵심은 에

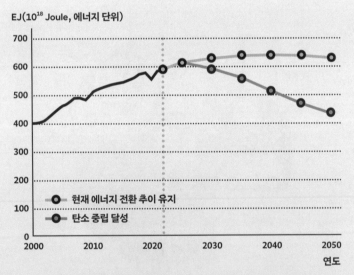

전 세계 최종 에너지 수요량의 두 가지 시나리오별 예측 그래프
(출처. BP Energy Outlook, 2024)

3부 화학으로 탐구한 석유 에너지

너지 효율성을 높이는 기술, 청정 에너지원의 개발, 그리고 그 보급에 있습니다. 예를 들어, 1리터의 연료로 더 멀리 갈 수 있는 자동차와 더 오래 사용할 수 있는 배터리 기술을 찾기 위해 노력하고 있습니다. 청정 에너지원을 선택하는 소비자의 올바른 소비도 중요합니다. 국가별 소비하는 에너지는 정치적·환경적·경제적·지리적 상황에 따라 결정되지만, 시대적 과학기술과 소비자의 선택이 이를 주도적으로 이끌 수 있습니다.

현재 석유는 여전히 전체 에너지 시장에서 30%를 차지하고 있습니다. 단일 에너지원이 차지하는 비율 중 가장 높으며 우

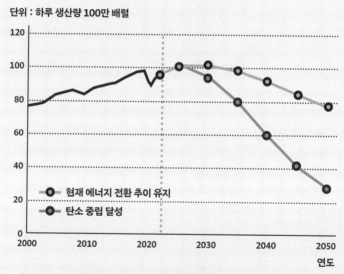

석유 수요량의 두 가지 시나리오별 예측 그래프
(출처. BP Energy Outlook, 2024)

리가 살아가는 데 없어선 안 될 천연자원이지요. 앞으로도 수십 년간은 석유가 공급해 주는 에너지가 필요함과 동시에 청정 에너지원으로 전환하는 과도기가 될 것입니다('석유 수요량의 두 가지 시나리오별 예측 그래프' 참고).

　석유를 많이 사용하면서 온실가스(이산화탄소, 메테인) 배출도 증가하고 있습니다. 전 세계가 지구 온난화를 막기 위해 온실가스 배출을 줄이려고 노력 중입니다. 우리의 과학도 온실가스를 포집하여 처리하는 기술 개발에 집중하고 있습니다. 대기 중에 온실가스 농도가 증가하면 온실효과, 즉 태양열이 지구로 들어와 나가지 못한 채 대기를 순환하는 현상이 일어나 슈퍼 엘리뇨, 사막화, 폭염, 폭설, 홍수, 가뭄과 같은 기후 변화를 일으키기 때문입니다. 우리는 이제 지구 온난화(Global Warming)를 넘어 지구 열대화(Global Boiling)로 변해 가는 걸 막아야 합니다.

　　　　　　　　　　3부 화학으로 탐구한 석유 에너지

지구가 만든 에너지,
석유의 과학

4부
물리학으로
들여다본
석유 에너지

Petroleum
Energy
Analyzed
by Physics

7 | 땅속을 지배하는 에너지

땅속에 작용하는 에너지 종류
석유를 땅 위로 밀어 올리는 에너지원
다양한 에너지의 크기

탄화수소에 관해 이야기하기 전에 일단 우리에게 친숙한 지하수에 대해 살펴볼게요. 지하수가 어떻게 흐르는지 생각해 보면 탄화수소를 이해하는 데 도움이 됩니다.

시골길을 걷다 보면 농가에서 땅속 지층에 흐르는 지하수를 활용해 우물을 만들어 사용하는 모습을 볼 수 있습니다. 이우물에 고인 물은 대기 중에서 형성된 비, 눈, 우박 등이 땅 표면에서 스며들어 수백 미터 깊이까지 흐르는 자연 현상의 결과입니다. 이렇게 모인 지하수는 일정한 공간에서 마르지 않고 지속적으로 유지되죠. 지표면 아래에서 흐르는 물은 지하 암석층의 광물 입자 사이사이를 흐릅니다. 이때 지하수가 흐르는 방향을 결정짓는 물리량은 무엇일까요? 어떤 에너지 차이가 물의 유동(움직임)을 결정하는 걸까요?

정답은 중력입니다. 물(질량을 갖는 물질)이 대량으로 공급되는 지역에서, 지대가 높은 곳으로부터 낮은 지대(높이 차)로 물을 이동시키는 힘이 바로 중력입니다. 지구 중심 방향의 중력가속도($9.8m/s^2$)에 따른 위치 에너지◆ 차이에서 비롯된 자연적 에너지입니다. 이러한 지하수 흐름을 알면 더 깊은 땅속에 있는 석유도 쉽게 이해할 수 있습니다.

우리가 살아가는 자연환경처럼 땅속 석유가 존재하는 지층

중력에 의한 위치 에너지로 움직이는 물

　　　　　　　　　4부 물리학으로 들여다본 석유 에너지

에는 에너지가 작용합니다. 수억 년 전 퇴적되어 생성된 석유는 다양한 에너지원으로부터 오랜 시간을 거치고 물질 간에 상호 작용하면서 평형 상태(Equilibrium State)를 이룹니다. 이는 안정적인 상태를 가리킵니다. 몸무게가 같은 두 명이 시소에 앉아 균형을 이룬 상태와 같습니다. 하지만 에너지의 균형이 깨지고 어느 한쪽 힘이 세지면 땅속 석유가 한곳에 머무르지 못하고 다른 암석층으로 이동하여 흩어져 버리게 됩니다. 석유를 찾아다니는 사람들에게 무척 안타까운 일입니다. 이는 보물선을 찾았는데 보물이 사라져 버린 것과 같으니까요.

힘의 평형은 석유가 매장된 구조에서도 깨집니다. 인류가 전 세계를 움직이는 주 에너지원으로서 석유를 사용하기 위해 지하 깊은 땅속의 석유에 작용하는 에너지의 균형을 깨트리고 땅 위로 뽑아내고 있기 때문이죠. 이때 천연자원 석유가 유동할 수 있도록 영향을 미치는 에너지에는 무엇이 있을까요? 우리는 어떻게 땅속 에너지를 이용하여 석유를 땅 위로 끌어 올릴 수 있을까요? 깊은 곳에 있는 석유는 엘리베이터를 타고 땅 위로 올라오는 것이 아니라 자연이 만들어 준 에너지원(힘)을 이용하여 생산됩니다. 자연적인 거대한 힘의 근원을 알아야 석유를 더 많이 땅 위로 생산할 수 있겠지요?

석유가 묻혀 있는 땅속은 또 하나의 알 수 없는 세계입니다. 우리는 지각의 지층이 생성된 이래 오랜 시간에 걸쳐 안정화되었던 땅속을 발견하고 그 속에 존재하는 힘의 정체를 파헤치고 있습니다. 이 장에서는 저류층의 물리적 특성을 이해하여 석유를 생산하는 데 필요한 정보와 에너지원을 효율적으로 사용하는 방법을 알아보겠습니다.

자연이 만들어 준 에너지

　　　　　　　근원암에서 만들어진 탄화수소는 저류암으로 흘러 들어가면서 공극 안에 있던 물을 밀어내고 저류층을 채웁니다. 석유가 탄생하고 이동하기 시작하는 모습이에요. 걸음마를 처음 뗀 아이처럼 천천히 움직입니다. 탄화수소는 지층 안의 물과 밀도 차(물〉석유)에 의한 부력으로 저류층까지 이동합니다. 기존에 암석층을 채우고 있던 유체는 외부로부터 흡입되는 탄화수소 혼합물의 힘으로 평형 상태가 깨지는 거죠. 충분한 시간 동안 탄화수소가 암석층을 모두 채우면 다시 힘의 균형을 유지하며 석유가 집적된 상태로 지속됩니다.

　　암석 내 공극의 유체 압력은 외부의 자극이 생기기 전까지 변화 없이 일정하게 유지됩니다. 지질시대를 지나며 석유가 묻혀 있는 땅속에 유체 압력이 만들어지고 커지면서 에너지가 발생합니다. 이를 이용해 석유를 땅 위로 끌어 올릴 수 있습니다. 수 킬로미터 이상의 깊은 땅속에 매장된 석유는 대개 주변보다 유체 압력을 상당히 높게 받고 있기 때문입니다.

인류는 이렇게 자연이 만들어 놓은 에너지를 이용하여 저류층에 매장되어 있는 유체를 밀어 올립니다. 축적된 에너지가 감소하여 더 이상 지표까지 끌어 올릴 수 없을 때까지 석유를 생산합니다. 이러한 생산 기법을 '자연압 생산'이라 부릅니다. 외부에서 가해지는 추가적인 에너지원 없이 생산하는 단계를 말합니다. 내 힘으로 스스로 이루어 내는 것입니다.

땅속 지층으로 들어가 생산 과정을 자세히 들여다보면, 유체◆는 암석 내 공극에 머물러 있다가 최초 압력보다 낮은 압력

바다 한가운데서 생산정을 시추하는 시추선(Drill Ship)
(출처. ExxonMobil)

조건이 생길 때 압력 차로 인해 공극 사이를 유동합니다. 압력이 높은 곳에서 낮은 곳으로 흐르는 현상이에요. 여기서 낮은 압력은 외부에서 인위적으로 만들어 주는 환경입니다. 유체가 흐를 수 있도록 인위적으로 발생시키는 이러한 설비를 생산정◆이라 부릅니다. 지표에서부터 석유가 존재하는 암석층까지 굴착하여 파이프 관으로 연결해 놓은 시설입니다. 슬러시 팝콘에 꽂은 빨대와 같습니다. 치킨팝콘을 뚫고 내려가 슬러시와 연결해 줍니다. 석유는 생산정을 통해 암석 내 공극에서 땅 위로 배출됩니다. 땅속 석유가 흘러 지표까지 나오는 모습이 머릿속에 그려지나요?

깊은 땅속의 탄화수소는 저류층의 다양한 요소로부터 에너지를 공급받아 생산됩니다. 첫째, 에너지원으로 유체의 팽창 에너지가 있습니다. 초기의 저류층은 수평적으로 어느 지점에 유체 압력을 측정하든 똑같지만, 생산을 시작하면서 공극 안에 머물던 석유가 빠져나감에 따라 생산정을 중심으로 줄어듭니다. 만원 버스에서 꽉 끼어 있다가 승객이 줄어들면서 움츠린 자세를 펼 수 있는 모습 같습니다. 그리고 감소하는 압력에 따라 남아 있는 유체는 팽창하지요. 압력이 줄어듦에 따라 부피가 커지는 것이지요. 석유의 팽창량은 압력 감소량에 비례하고 이러한 상관관계는 탄화수소 혼합물의 성분에 따라 달라집니다. 즉, 초기 땅속 저류층은 높은 압력으로 유체가 팽창할 수 있는 에너지를 보유합니다. 석유는 압력이 낮아지면서 가벼운 분자 구조의 탄화수소 혼합물을 가스(수반가스) 형태로 배출합니다. 가스는 압축성이 액체 석유보다 높아서 압력 변화에 대한 부피 변화율이 큽니다. 이러한 특성으로 땅속 가스가 높은 팽창 에너지를 가집니다. 석유를 지표로 밀어낼 수 있는 능력이 상대적으로 크다는 이야기입니다. 암석에 있는 유체◆의 압축률을 서로 비교해 보면 가스(기체), 석유(액체), 물(액체) 순으로 높습니다.

둘째, 저류층 상부에 집적한 가스층에 의한 팽창 에너지입니다. 유전은 땅속 지층이 생성된 시기와 방법에 따라 저류층 압력이 다릅니다. 일반적으로 심도가 깊은 지층은 높은 압력을 나타내며 깊이가 낮아지면 압력도 낮아집니다. 낮은 압력 조건에

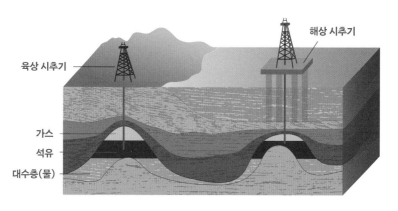

땅속 석유 생산을 도와주는 다양한 에너지 모습과 탄화수소 형상
(물질의 밀도 차에 의한 가스, 석유, 대수층 분리)

서는 탄화수소 혼합물도 석유와 가스가 분리된 상태를 형성할 수 있습니다. 가스는 밀도 차에 따라 저류층 상부에 쌓이고, 석유는 가스층 아래 모여 있습니다. 이러한 모습의 유전은 상부 가스층◆이 압력 감소에 따라 팽창하며 석유를 밀어내는 힘을 가하기 때문에 생산에 필요한 에너지 공급원 역할을 합니다.

셋째, 중력과 퇴적물의 치밀화◆ 작용에 의한 에너지가 있습니다. 중력은 지구상에 존재하는 모든 물질에 작용하는 힘입니다. 물론 중력가속도(g)는 같지만, 물질의 고유한 질량(m)에 따라 중력($F=m \cdot g$) 차이가 발생합니다. 중력은 땅속에 있는 가스, 석유, 물에도 작용합니다. 서로 밀도가 달라 자연스럽게 분리되면서 석유가 생산정으로 흐를 수 있도록 에너지원 역할을 하죠. 예를 들어 압력이 낮아진 저류층에서 석유로부터 분리된 가스는 지층 상부로 올라가고 석유만 생산정으로 흐르게 돕는 현상입니다. 퇴적암에는 암석 공극에 압력이 줄어들며 광물 입자 간 간격이 좁아지면서 유체를 움직이게 하는 에너지원이 있습니다(자세한 이야기는 다음 장에서 하겠습니다). 치밀화◆ 작용입니다. 중력과 치밀화 작용이 석유를 생산하는 데 많은 에너지를 공급하는 것은 아니지만 자연은 석유라는 값진 에너지 자원을 주면서 인류가 쉽게 생산할 수 있도록 땅속 에너지도 함께 만들어 주었으니 이 어찌 고마운 일이 아니겠습니까.

힘과 에너지는 어떻게 다를까?

일상 대화에서는 힘과 에너지가 비슷한 의미로 쓰이는 것 같습니다. 가끔은 근육이 넘치는 친구에게 우리는 "와, 힘이 세다" 혹은 "에너지가 넘치네" 같은 말을 합니다. 힘과 에너지를 크게 구분하지 않고 사용합니다. 하지만 힘(Force)은 물체의 형태를 변형시키거나 운동 상태를 변화시키는 원인입니다. 힘은 크기와 방향을 가지며, 물체에 작용하여 움직이게 하거나 멈추게 할 수 있습니다.

물리학에서 에너지는 힘이 할 수 있는 일(Work)에 대한 능력입니다. 일은 물체가 힘의 방향으로 이동한 거리만큼 사용한 힘의 총량(힘×거리)을 의미하고, 에너지는 물체가 이런 일을 할 수 있는 능력인 거지요. 예를 들어 전기자동차의 배터리를 보면 쉽게 이해할 수 있습니다. 배터리는 차를 움직일 수 있는 능력인 전기 에너지를 가지고 있어서 차를 특정 거리만큼 움직이게 합니다.

에너지는 역학적 에너지(운동 에너지, 위치 에너지), 화학 에너지, 빛 에너지, 열에너지, 소리 에너지, 전기 에너지 등 다양한 형태로 존재하며, 한 형태에서 다른 형태로 변환될 수 있습니다. 힘과 에너지를 구분하여 알아 두면 힘이 센 친구와 에너지가 넘치는 친구가 누군지 구분할 수 있겠죠? 배우 마동석과 축구선수 손흥민 중에서 누가 더 에너지 넘칠까요?

땅속에 석유를 밀어내는 물이 있다

땅속에는 대수층(지하수층)이 있습니다. 대수층◆은 지하수를 포함하고 있는 지층을 일컫습니다. 중력에 의해 땅 위에서 흘러든 물이 지하 깊은 곳까지 스며 들어가 흐르는 암석층입니다. 대수층은 지표 가까운 천부(淺部)에서 흘러 우리가 사용하는 지하수로 알려졌지만, 석유가 매장되어 있는 깊은 곳에도 존재합니다. 일반적으로 지하 수면 아래는 암석의 공극에 모두 물이 채워져 있습니다.

암석층에 흐르는 지하수 규모는 보통 집적된 석유보다 큽니다. 석유는 근원암에서 만들어진 후 빠져나와 이동하다가 특정한 구조(저류층) 안에 갇히지만, 대수층은 지표에서 스며든 빗물이나 눈이 녹은 물, 또는 강과 바다와 같은 대규모 수원으로부터 지속적으로 물을 공급받아 지하수를 저장하고 이동시키는 역할을 합니다. 저류층보다 수십에서 수만 배 이상으로 넓은 지역에 커다란 대수층이 자리 잡고 있을 수 있습니다. 물은 암석층에 흡입된 탄화수소가 움직일 수 있도록 에너지를 공급해 줍니다. 그 원리를 살짝 들여다보면 석유가 존재하는 저류층에 비해 상대적으로 거대한 규모의 대수층은 유체가 유동할 수 있도록 압력을 지속적으로 전달합니다. 강아지(저류층)와 코끼리(대수층)가 함께 수레를 밀어 주는 모습과 같습니다. 저류층에서 석유를 생산하면 압력이 낮아지는데 이때 물이 팽창하면서 추가적인 에너지를 제공하기도 합니다. 땅속을 설명하기 위해서는 에너지라는 개념이 꼭 필요합니다.

석유가 모여 있는 경계면 아래에 얼마나 큰 대수층이 에너지를 공급하느냐에 따라 저류층에서 탄화수소를 지속해서 생산

지하수로 채워진 땅속 동굴

할 수 있는지가 결정됩니다. 대수층에 있는 에너지는 석유나 가스가 팽창할 때 생기는 에너지보다 크며, 중력과 퇴적물이 눌리면서 발생하는 에너지보다도 더 강하기 때문입니다. 스키장에서 스키를 즐길 수 있도록 돕는 위치 에너지 같습니다. 평지에서 스키를 타고 움직이는 힘보다 높은 지점에서 내려올 때 하강하는 에너지가 큽니다. 하지만 땅속은 그 에너지 크기를 정확하게 측정할 방법이 없습니다. 석유 회사는 석유가 묻혀 있는 있는 땅속까지만 굴착(시추)하기 때문입니다. 더 깊은 지하로 내려가서 굳이 대수층 규모가 얼마나 크고 좋은지에 대한 데이터를 얻지는 않습니다. 땅을 더 깊이 뚫을수록 많은 돈과 비용이 들어갑니다. 물론 추후 지표에서 생산하는 석유를 보고 땅속 에너지원의 크기를 간접적으로 추정하긴 합니다. 여기서 우리는 지금까지 알던 물의 다양한 역할에 추가로 석유 생산에 미치는 에너지원으로서 임무까지 배웠습니다. 물은 생명체가 살아가는 데 중요한 자원이면서 지구 표면의 70%를 차지하는 물질입니다.

한 가지 알아 둬야 할 사항은 대수층이 모든 저류층에 에너지를 공급하지 않는다는 사실입니다. 물이 흐르는 암석층의 특성에 따라 기반암이나 셰일층과 같이 암석을 구성하는 입자가 치밀하여 유체가 흐를 수 있는 능력(투수율)이 낮은 대수층은 석유 생산에 미치는 영향이 작습니다. 이때는 땅속 석유를 밀어 주는 에너지원의 크기가 작아 자연압에 의한 석유 생산성이 낮습니다. 자연은 공장에서 만들어 내는 상품이 아닙니다.

자연에서 발생하는 힘이지만 에너지가 가진 능력은 다양한 땅속 환경에 따라 서로 다른 크기를 가지고 있어요. 우리는 생산되는 석유량과 지표에서 측정하는 압력 등의 데이터로 계산하여 구하는 역산 과정으로 에너지 크기를 찾습니다. 이를 역문제라고 합니다. 문제의 답을 직접 구하는 대신, 땅속 에너지원에서 나오는 매일매일 변하는 데이터의 추이를 분석하여 거꾸로 찾아내는 방법입니다. 다이어트할 때 역산을 적용하면 매달 변하는 체중을 기록하여 하루에 소모하고 섭취하는 칼로리량 차이를 찾아서 체중 변화의 원인을 밝힐 수 있습니다. 그에 따라 커피와 티라미수 케이크를 먹을지 말지 결정할 수 있습니다.

땅속에 보이지 않는 에너지

석유는 산소와 만나 연소하며 열에너지로 전환됩니다. 발생하는 열에너지는 우리 생활에 꼭 필요한 전기 에너지로 바뀌거나 자동차나 비행기 같은 교통수단에서 연료로 사용하며 운동 에너지◆로 전환하기도 합니다. 때로는 가정용 난방이나 물을 따뜻하게 데우기 위한 열에너지로 직접 사용합니다. 다양한 에너지 전환 과정을 거친 후 사용하는 석유 에너지는 반대로 우리가 알지 못했던 땅속 에너지원의 도움을 받아 땅 위로 생산됩니다. 비밀스러운 땅속 에너지원의 근원 중 하나는 바로 퇴적층을 이루는 광물 입자들이죠.

땅속 퇴적암은 퇴적 당시 운반, 퇴적, 고결작용을 받아 형성되는데, 시간이 흐르면서 새로운 퇴적층이 쌓이고 더 오래된 퇴적층을 누르게 됩니다. 깊은 곳에 쌓인 지층은 큰 힘을 받아 광물 입자가 치밀하게 구성되지만, 얇게 쌓인 지층은 미고결 상태인 퇴적암일 때도 있습니다. 이런 퇴적암은 광물 입자들이 단단하게 굳어 있지 않습니다. 저류층에 존재하던 석유가 빠져나가면 유체 압력이 낮아지고 대신 위에서 누르는 힘이 강해져 광물 입자들의 눌림에 의한 치밀화◆가 이루어집니다. 이는 암석 내 공극 압력이 낮아지면 퇴적된 지층 높이만큼 광물 입자가 받는 정암압에 의해 입자들이 눌리면서 일어나는 현상입니다. 눈길을 걸으며 생기는 발자국도 눈의 치밀화 때문입니다. 촘촘해진 광물 입자들은 다시 작아진 공극을 압축하여 공극 내 유체에 압력을 전달합니다. 이로 인해 석유는 줄어든 에너지를 보충받습니다. 땅속에서 얻은 1차 에너지는 여러 단계를 거쳐 최종 에너지로 전환된 후 소비자가 사용하는데, 이 과정을 순서대로 따라가면 쉽게 이해할 수 있습니다.

치밀화◆ 작용은 요즘 종종 일어나는 땅 꺼짐 현상인 싱크홀을 일으키는 원인으로도 알려져 있습니다. 언론에서 가끔 특별한 징조 없이 갑자기 도로나 땅이 내려앉은 사건을 보도합니다. 땅속에서 흐르는 지하수에 의해 퇴적층이 치밀화♦ 또는 유실되거나 광물의 용해 작용 등으로 인해 상부에서 누르는 지층의 정암압을 이기지 못하고 무너져 내리는 현상입니다. 석유 개발 현장에서는 광범위한 지역에서 이와 같은 땅 꺼짐 현상이 발생한 사례가 있습니다. 물론 흔하게 일어나지는 않지만, 저류층에 석유가 빠져나가고 미고결 상태의 광물 입자들이 치밀화♦로 인해 재배열되는 현상입니다. 땅 위에서는 지층이 누르는 힘에 의해 지반이 내려앉는 모습으로 나타납니다. 지층이 누르는 힘은 저류층 공극에서 유체를 생산할 때 지속적으로 작용하여 석유를 밀어 올리는 에너지원 역할을 합니다. 에너지 공급은 지표에서 관찰되는 싱크홀처럼 순간적으로 발생하지 않고 땅속 유체 에너지가 감소하는 속도에 맞춰 천천히 일어나는 차이가 있습니다.

에너지 많은 친구, 가스

저류층은 석유를 생산할수록 유체 압력이 감소합니다. 풍선에 가득 찬 공기가 빠져나가는 원리와 같습니다. 공기가 빠져나갈수록 압력은 낮아지고 풍선의 크기도 작아집니다. 변하는 압력에 따라 석유는 용해가스(3부에서 그 의미를 다시 살펴봐도 좋습니다)를 분리합니다. 이때 탄소 원자

수가 적은 탄화수소인 메테인, 에테인, 프로페인 등이 가스 상태로 나옵니다. 분리된 가스는 석유가 지표까지 올라오는 통로에 함께 들어가 액체 상태인 석유와 혼합되면서 생산 유체를 더 가볍게 만듭니다. 액체 석유 사이사이로 가스 기포가 혼합되면서 액체만 100% 채워진 상태일 때보다 더 가볍고 빠르게 석유를 생산할 수 있습니다. 석유가 나오는 땅속 암석 깊이에서 생각해 보면 조금 더 이해하기 쉽습니다. 예를 들어, 땅속 깊은 곳처럼 1킬로미터 높이의 비커에 석유만 담아 들어 올리는 쪽보다, 가벼운 가스가 섞인 석유를 비커에 담아 들어 올리는 것이 더 쉬워요. 가스가 포함되면 전체 밀도가 낮아져, 더 적은 힘으로도 들어 올릴 수 있기 때문입니다.

가스는 압력 변화에 따라 부피가 변하는 팽창 에너지가 큽니다. 작은 압력 변화에도 부피 변화량이 크다는 의미입니다. 따라서 용해가스가 공급하는 팽창 에너지는 1차적으로 석유를 생산하는 데 작용합니다. 석유에서 분리된 가스는 저류층 내에서 중력에 의해 분리되기도 합니다. 가스는 액체 석유 위에 쌓이며 가스층을 이룹니다. 이렇게 모인 가스층은 석유 사이사이에서 기포로 활동할 때보다 높은 에너지원 역할을 합니다. 뭉치면 커지고 흩어져도 팽창 에너지는 작용하지만, 액체 내 기포 상태인 가스는 액체와의 경계면에서 작용하는 표면장력 등 또 다른 힘으로 가스층을 형성할 때보다 에너지가 작습니다.

석유와 천연가스◆ 둘 다 우리에게 필요한 천연 에너지원입니다. 하지만 땅속에 있는 천연가스는 석유보다 낮은 판매 가격과 열량, 어려운 저장 및 운송 등으로 인해 생산의 우선순위에서 밀립니다. 쉽게 말해 비싼 에너지원인 석유를 효율적으로 생산할 수 있도록 저류층 안에 있는 가스를 활용하는 데 초점을 맞춥니다. 비록 직접 생산하여 활용하지 못하는 가스라도 영화를 빛내는 조연처럼 석유 생산을 위해 에너지원으로서 역할을 다하고 있다는 걸 기억해 두세요.

과학과 친해지기

과학의 경계와 융합

우리는 생명과학·지구과학·화학·물리학을 오가며 석유 에너지에 대해 알아보고 있습니다. 이 장에서는 물리학을 다루면서도 화학을 살펴보라고 하니, 두 학문의 경계가 궁금할 수 있습니다. 이는 현상을 어떤 관점에서 바라보느냐에 따라 달라지기 때문입니다. 같은 물질이라도 성분을 분석하면 화학적 접근이 되고, 성질이나 운동을 설명하면 물리적 접근이 되는 것이지요. 이는 같은 현상을 다양한 학문의 관점에서 해석할 수 있다는 의미입니다.

객관식 문제는 정해진 답안을 안내하지만, 논술식 문제는 제안된 형식 안에서 다양한 사고를 유도합니다. 하나에 머무르지 않고 두 개 또는 여러 개의 정의를 바탕으로 현상을 이해하는 것이 과학을 쉽게 이해하고 응용하는 방법입니다.

8 | 유체를 움직이는 힘

석유를 생산하는 데 필요한 조건
에너지 전환 과정
부족한 에너지를 공급하는 원리
다양한 석유 생산 방법

암석의 공극에 숨어 있는 석유는 어떻게 땅 위로 생산될까요? 수 킬로미터 지하에서 땅 위로 나오기까지는 얼마나 큰 힘이 필요할까요? 알쏭달쏭합니다. 석유는 자연이 만들어 준 에너지원에서 공급받아 암석의 공극과 공극 사이로 연결된 통로를 따라 흐릅니다. 하지만 에너지가 주는 힘이 저류층에 부존하는 유체를 지표까지 밀어 올리는 데 얼마나 필요한지 이해해야 합니다. 그래야 자연 에너지가 전부 고갈되었을 때 땅속에 남은 석유를 더 많이 생산할 방법을 생각해 낼 수 있습니다. 이를 회수증진법◆이라고 부릅니다. 최초의 석유량(원시부존량)에서 얼마나 생산해 낼 수 있는지에 대한 총량(생산가능량)의 비율은 회수율(=생산가능량/원시부존량)이라고 합니다.

땅속 석유를 생산하는 건 마치 슬러시에 빨대를 꽂아 남김없이 마시는 방법과 비슷합니다. 먼저 살얼음이 낀 콜라 맛 슬러시는 처음 마실 때 액체 음료수보다 더욱 강한 흡입력(힘)이 필요합니다. 빨대 끝까지 올라올 수 있게 입으로 쭈욱 빨아 마셔야 합니다. 만약 한 번에 너무 빠르게 쭈욱 들이마시면 가운데 동그란 구멍이 생깁니다. 빨대 주변 얼음이 녹기 전까지는 아무리 세게 흡입하여도 공기만 들어오고 슬러시를 마실 수 없습니다. 물론 빨대를 좌우로 휘저어 가며 슬러시가 남아 있는 부분을 찾아

물질의 속도와 방향을 바꾸어 주는 힘

　　　　4부 물리학으로 들여다본 석유 에너지

다시 꽂아서 마실 수도 있습니다. 남은 슬러시를 마시기 위한 사투는 빨대 끝을 보며 컵의 구석구석을 흡입하면서 마무리됩니다. 그렇다면 이러한 과정이 어떻게 석유를 생산하는 원리와 유사할까요?

　전 세계 석유 회사들은 땅속에 매장되어 있는 탄화수소를 최대한 많이 회수하고 싶어 합니다. 천연자원의 경제적 가치가 크기 때문이죠. 오늘날까지 발전된 과학기술에 의존해도 땅속 석유는 통계적으로 약 30%, 천연가스는 약 70% 내외만 회수하고 있습니다. 다시 표현하면, 우리는 아직도 70%에 가까운 석유와 30%나 되는 천연가스를 땅속에서 지표로 끌어 올리지 못하고 있습니다. 여러분의 창의적인 사고가 필요합니다.

깊은 땅속 유체◆가
지표로 나오는 데 필요한 힘

　　　　　　　　　생산정◆은 석유가 매장된 저류층 암석과 지표를 연결해 주는 통로입니다. 강철 파이프라인으로 설계된 생산정은 수백 미터에서 수 킬로미터 깊이까지 땅을 굴착하여 설치해 놓은 생산 설비 중 하나입니다. 빨대와 같습니다. 빨대는 컵의 바닥 부분에 있는 음료가 올라오면서 플라스틱 빨대를 경계로 주변과 물리적으로 분리된 이동 경로를 제공합니다. 생산정도 이와 같은 기능을 합니다. 생산정은 땅속 석유가 올라오면서 식수로 활용하는 지하수를 오염시키지 않게 하고, 저류층이 아닌 다른 지층으로 누출되어 환경을 파괴하지 않도록 설계됩니다. 그뿐만 아니라 높은 압력의 유체와 지층이 전달하는 힘을 견뎌 낼 수 있어야 하며, 이를 위해 내구성이 뛰어난 재질로 제작됩니다.

석유를 생산하는 생산관◆ 안에는 일반적으로 액체(물, 석유) 또는 기체(가스)가 함께 채워져 있어 생산정의 깊이만큼 유체 기둥이 형성됩니다. 암석층에 있는 석유는 유체 기둥이 누르는 압력보다 커야 지표까지 밀고 올라올 수 있습니다. 생산정 내에 작

3D 프린터로 제작한 땅을 뚫는 굴착 장비: 회전하며 암석을 파쇄
(출처. Schlumberger)

4부 물리학으로 들여다본 석유 에너지

용하는 압력을 정수압이라 합니다. 석유가 나오려는 저류층 깊이에 작용하는 압력이며, 유체의 기둥이 누르는 힘을 면적으로 나누어 표현한 값이죠. 유체 기둥이 있는 관은 중력을 제외하고 마찰력, 전기력, 자기력 등 다른 힘이 없다고 가정하여 유체의 밀도, 중력가속도와 생산정의 수직 높이를 곱하여 정수압을 계산합니다. 정수압은 유체 기둥이 누르는 압력입니다.

정수압은 땅속의 석유가 땅 위로 올라올 때 저항력으로 작용합니다. 사회로 나오기 위해 치르는 학교 졸업시험과 같습니다. 일반적으로 석유를 생산하는 유전의 경우 저류층 압력은 생산정에 채워진 유체(석유) 기둥에서 작용하는 힘에 의한 정수압보다 높습니다. 그래서 자연압 생산을 할 수 있습니다. 저류층은 자연의 다양한 에너지원(가스층, 대수층, 유체 팽창, 치밀화 작용, 용해가스, 중력 등)으로부터 힘을 공급받아 땅 위로 유체를 밀어 올립니다. 그 힘은 정수압을 이겨 낼 수 있는 한계까지 작용합니다.

땅속은 석유를 생산하면서 초기 평형 상태에 있던 압력이 균형을 잃습니다. 생산정이라는 인위적인 시설에서 낮은 압력 조건을 생성하면서 석유와 같은 유체가 높은 압력에서 낮은 압력 위치로 유동하기 때문이에요. 컵 속에 음료가 빨대로 빨려 들어가는 현상과 같습니다. 이때 유체 압력은 공극 내 채워진 석유를 생산하면서 감퇴합니다. 생산정은 저류층 내 낮아지는 유체 압력보다 더 낮은 조건을 만들어 유체가 계속 흘러 들어올 수 있도록 해야만 석유를 생산할 수 있습니다. 석유를 캐내는 생산 과정입니다. 유체는 압력이 높은 곳에서 낮은 곳으로 흐른다는 단순한 이론을 이용한 방법입니다.

이제 어렵지 않게 물리학 이론으로 석유가 땅 위로 올라오는 현상을 설명할 수 있겠죠? 비밀은 바로 힘의 차이였습니다.

전기 에너지와
운동 에너지의 전환

천연자원인 석유 에너지를 소비자가 사용하려면 여러 에너지가 필요합니다. 아이러니하다고 생각할 수 있지만 에너지를 생산하려면 에너지를 써야만 합니다. 적은 에너지를 소모해서 더 높은 가치의 에너지원인 석유를 생산하는 시스템입니다. 그렇다면 어떤 에너지가 필요할까요?

가장 일반적으로 사용하는 에너지는 전기입니다. 우물이나 개울에서 전기모터를 사용하여 물을 공급하는 작업을 본 적이 있나요? 양수펌프라 불리는 장비를 이용해 지하수를 끌어 올려 농업용수를 공급합니다. 석유 생산 현장에서도 유사한 전기모터 펌프를 사용합니다.

전기모터는 고압의 전류를 흘려보내 전선에 일으키는 자기장으로 회전 운동 에너지를 생성합니다. 모터의 운동 방향은 플레밍의 오른손 법칙(Fleming's Right Hand Rule)을 이용하여 알 수 있습니다. 전류·자기장·도체의 운동 방향을 오른손 손가락 세 개를 수직 모양으로 만들어 나타내는 법칙입니다. 엄지손가락은 도체의 운동, 검지는 자기장, 중지는 전류가 흐르는 방향을 나타낸다는 이론입니다. 오른손 법칙으로 이 중 두 개의 방향을 알면 나머지 하나의 방향을 쉽게 찾을 수 있습니다. 이 원리는 석유가 저류층에서 나와 생산정 안으로 유동하여 전기펌프에 의해 지표 방향으로 올릴 수 있도록 전류를 흘려보내야 하는 방향을 결정하게 도와줍니다. 만약 반대 방향으로 전류가 흐른다면 생산정 안에 있던 유체가 모두 땅속으로 다시 주입될 수 있으니 주의해야 합니다.

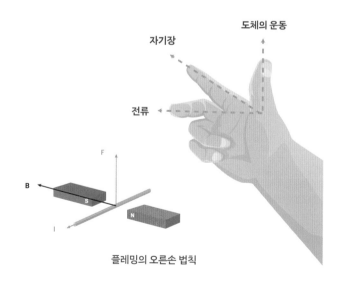

플레밍의 오른손 법칙

생산정은 자연적으로 생성된 에너지에 의해 일정량의 석유를 생산하지만, 더 많은 양을 빠르게 생산하고자 계획할 때도 있습니다. 예를 들어 종종 뉴스를 통해 OPEC+(세계석유수출국기구와 러시아 등 주요 산유국)◆가 석유 생산량을 "증산한다 또는 감산한다"라는 기사를 본 적이 있을 거예요. 석유는 세계 경제를 좌우하는 첫 번째 에너지원입니다. 석유 소비 국가들이 필요로 하는 수요를 맞추고 가격을 조정하기 위해 일부 산유국들이 협의체를 구성하여 공급량을 조절합니다. 제과점에서 소금빵을 100개씩만 판매하는 형식입니다. 먼저 감산은 OPEC+ 기구가 상호 합의하여 국가별 생산 할당량을 정하고 유전들의 생산량을 줄이면서 조절합니다.

반대로 증산은 석유를 생산하는 땅속 자연 에너지를 넘어서는 생산 방법입니다. 전기공저펌프◆(석유 생산을 위해 사용하는 펌프 명칭)와 같은 설비를 이용하여 추가적인 에너지를 활용해 생산량을 높이는 방법입니다. 전기공저펌프는 전기 에너지를 모터의 회전 에너지로 전환하고 모터는 펌프를 통해 운동 에너지(압축·속도)◆로 전환하여 석유를 땅 위까지 끌어 올립니다. 단 석유 생산량을 높이기 위해 소모하는 전기 에너지는 모두 생산에 기여하지 못합니다. 전류가 모터에 흐르면서 열에너지로 소모되고, 펌프가 회전하면서 마찰에너지 등 에너지 손실이 발생하기 때문입니다. 소요되는 에너지 대비 전환하는 에너지 비율인 에너지 효율이 약 50~80% 사이입니다.

전기공저펌프◆는 땅속 석유를 자연적으로 생산할 수 있는 에너지가 감퇴했을 때도 사용합니다. 차가운 슬러시를 마실 때 입으로 빨대를 흡입하는 행동처럼 생산정에 설치하여 지표로 석유를 밀어 올립니다. 전기 에너지 공급은 생산 현장에서 더 많은 석유를 땅속에서 회수할 수 있게 돕는 역할을 충실히 합니다.

과학과 친해지기

어떤 분야의 과학기술이 제일 먼저 발전할까?

질문에 대한 대답이 그리 쉽지 않습니다. 현대는 의학, 생활, 교통, 수송, 통신, 에너지, 로봇, 컴퓨터 등 모든 영역에서 과학자들이 뛰어난 연구 성과를 보이고 있습니다. 매년 출시하는 신제품은 내년이면 구식으로 전락하기 일쑤입니다. 그 사이클이 점점 더 빨라지고 있습니다. 개별 과학기술들이 유기적으로 도와주고 있기 때문입니다. 한 분야에서 제안된 새로운 이론은 분야에 국한되지 않고 모든 영역에 기초과학으로 활용된다는 이야기입니다.

찰스 다윈이 제안한 진화론 학설은 생명과학에서 입증된 이론이지만 컴퓨터, 수학, 경제학 등에서도 유전자의 교배, 변이,

진화 과정을 적용합니다. 컴퓨터는 수학 연산을 돕는 기계에 머무르지 않고 생성된 데이터에 의해 학습하고 스스로 새로움을 창조합니다. 이렇게 학문과 학문을 연결해 준 건 이론을 제안한 제안자가 아니라 사용자입니다. 과학은 서로 융합하는 속성이 있어서 한 분야에 치중하여 발전하지 않고 서로 협력해 나아가고 있습니다.

석유 생산에 소중한 물

청소년기에는 한바탕 뛰어놀고 나면 몸의 충전을 위해 에너지를 섭취해야 합니다. 그럴 때 가장 먼저 찾는 음료가 물이에요. 우리 몸의 건강을 위해 의사들은 하나같이 입을 모아 물을 자주 마시라고 권합니다. 땅속도 마찬가지입니다. 석유를 생산하다 보면 자연이 만들어 준 한정된 에너지원이 감퇴하고 외부로부터 추가 에너지를 공급하지 않는 한 땅속에서 잔여 석유를 더 회수할 방법이 없습니다. 그래서 석유보다 값싼 물을 주입하여 석유 생산으로 감소하는 압력을 유지하거나 높이기 위해 노력합니다.

물은 보편적으로 두 가지 방법으로 땅속 석유가 빠져나간 공극을 채워서 생산을 돕습니다. 첫 번째는 석유가 매장된 저류층 아래 붙어 있는 대수층에 주입하는 기법입니다. 대수층은 땅속에 존재하는 자연 에너지원이며, 여기에 인위적으로 외부에서 물을 더 공급하여 대수층 에너지를 높여 줍니다. 에너지 드링크 같습니다. 암석 내 공극이라는 정해진 공간 안에 압축력을 이용하여 물을 주입하는 방법입니다. 마치 바람 빠진 축구공에 주입기로 공기를 넣듯 수(水)주입정◆이라는 시추공(땅을 굴착하여 지표에서 목표 깊이까지 강철 파이프로 연결해 놓은 시설)을 통해 지표에서 물을 넣습니다. 수주입정◆은 물을 땅속으로 넣기 위해 시추한 유정◆입니다.

　　수주입정을 통해 바닷물을 넣기도 하고 석유와 함께 땅속에서 나온 물을 재주입하기도 합니다. 물론 물에 섞여 있는 불순물은 처리시설을 통해 제거 작업을 거칩니다. 땅속으로 주입되었을 때 암석 내 광물들과 접촉하며 화학적 또는 물리적 반응으로 공극의 통로를 막아 버려 더 이상 주입할 수 없는 상태로 만드는 걸 방지하기 위해서입니다. 이를 비가역 현상이라 합니다. 땅속 암석으로 주입한 물에 포함된 불순물이 광물과 반응하여 발생한 변화가 스스로 다시 원상태로 복귀하지 않는 현상을 가리킵니다. 흡사 슬러시에 섞인 얼음이 열에너지를 받아 물로 상태가 변하지만 반대로 열에너지를 배출하여 얼음으로 상태가 바뀌도록 열의 이동이 일어나지 않는 현상과 같습니다. 반대로 발생할 때는 가역 현상이라 부릅니다. 땅에 떨어트려 깨진 스마트폰 액정은 스스로 고쳐지지 않습니다. 비가역 현상입니다.

　두 번째는 석유가 있는 저류층에 물을 직접 주입하는 방법입니다. 저류층에 주입한 물은 석유를 옆으로 밀어내 생산정이 위치한 방향으로 몰아 줍니다. 첫 번째 방법과 마찬가지로 석유가 빠져나간 공극을 채워 에너지 공급 역할도 합니다. 하지만 물은 주입정에서 생산정으로 가는 길목에 있는 모든 석유를 다 밀어내지 못해요. 일부는 공극에 남아 있거나 광물 입자에 흡착해 있습니다. 또는 물이 지나가지 않는 공극 통로에 있습니다. 그럼에도 수주입은 땅속에 에너지를 공급해 주는 임무를 충실히 하며, 남아 있는 석유를 평균적으로 10%에서 20% 가까이 더 생산할 수 있게 합니다. 물 주입은 쉽고 싸게 구할 수 있는 에너지원이라는 장점 때문에 전 세계 유전에서 가장 많이 적용하는 회수 증진법 중 하나입니다.

과학과 친해지기

과학(Science)과 공학(Engineering)의 차이는 뭘까?

과학기술은 과학과 공학을 모두 가리킵니다. 대학에서는 두 학문을 공부하는 학과가 자연과학대와 공과대로 나뉩니다. 하지만 이 두 분야가 완전히 분리된 것은 아니고, 서로 겹치는 경계 부분도 분명히 존재합니다.

과학은 씨앗이 발아해서 싹이 트고 시간이 지나 나무가 되어 열매를 맺는 식물의 한살이 탐구처럼 자연 현상을 이해하고 연구하는 학문입니다. 광물의 이동과 퇴적으로 지층을 형성하는 과정을 조사하는 지구과학, 땅속 암석에서 발생하는 탄화수소의 화학 구조식을 밝혀내는 화학, 밤하늘의 별과 우주를 관찰하는 천문학 등이 있습니다.

공학은 과학에서 찾아낸 법칙과 이론을 응용하여 인류에게 필요한 기술로 사용할 수 있도록 연구하는 학문입니다. 식물의 성장에서 열매 수확량을 증가시켜 식량 문제를 해결하려는 생명공학, 땅속에 매장된 천연자원을 생산하여 에너지원으로 활용하려는 석유공학, 생산한 탄화수소 혼합물을 정제하여 제품을 생산하려는 화학공학 등 삶을 윤택하게 하는 기술이 공학입니다. 그러나 공학은 과학 없이는 홀로 설 수 없습니다. 과학이 바로 공학의 밑거름입니다. 과학은 기술 발전을 선도하며, 우리가 더 풍성한 삶을 살 수 있도록 도와줍니다.

에너지를 공급하는
다양한 접근법

석유 회사가 과학기술 개발을 위해 중점을 두고 투자하는 분야 중 하나가 회수증진법◆입니다. 이는 발견한 땅속 천연 에너지를 더 많이 회수할 수 있도록 외부의 운동 에너지, 열에너지 공급뿐만 아니라 화학 에너지 주입 등 다양한 방법으로 땅속 어딘가에 남아 있는 석유를 회수 또는 생산하는 방법입니다. 과학자들이 여기에 집중하는 이유는 에너지 역사에서 힌트를 얻을 수 있습니다.

인류가 석유를 발견하고 주 에너지원으로 채택해 사용하기 시작한 지 100년이 넘었습니다. 초기에 발견되어 석유를 생산한 유전들은 오랜 역사를 거치며 생산 말기에 도달하고 있습니다. 이런 유전들은 땅속에 가지고 있던 자연 에너지가 고갈되고 있습니다. 하지만 아직도 많은 양의 석유가 땅속 암석에 남아서 생산되지 못하고 있으며, 그러한 천연자원의 경제적 규모는 오늘날 에너지 공급 불안에 따르는 위험을 제거해 줄 수 있을 정도입니다. 게다가 21세기 초부터 고유가로 접어들며 석유 회사가 여기에 투자하지 않을 이유가 없었습니다. 석유가 사라지고 있다는 일부 주장을 과학으로 바로잡아 준 셈입니다.

과학은 눈에 보이지 않고 손에 닿지 않는 땅속 석유를 생산하는 방법을 연구·개발하고 기술력을 확보해 나가는 데 든든한

후원자가 되었습니다. 산업 현장에서 직접 적용하기 전에 연구실에서 실험을 통해 효율성을 사전에 입증할 수 있도록 발전했습니다. 이러한 방법 중 대표적인 세 가지를 살펴볼게요.

첫 번째로 운동 에너지♦를 활용하는 방법으로 수주입이 있습니다. 땅속에 주입하는 물로 석유를 밀어낼 수 있도록 운동 에너지를 전달합니다. 공학자는 물뿐만 아니라 폴리머라는 젤 형태의 점성도♦가 높은 액체를 넣어 물보다 더 걸쭉한(점성도가 높은) 형태의 액체로 석유를 밀어내기도 합니다. 버블티를 마실 때 빨대로 음료를 빨아들이면 펄(타피오카)이 함께 위로 올라오는 효과와 비슷합니다.

두 번째로 열에너지를 공급하는 방법입니다. 무거운 탄화수소 혼합물이 주성분을 이루는 중(重)질유 석유나 비전통 석유로 알려진 캐나다 오일샌드처럼 저류층 조건에서 흐르지 않는 석유에 높은 온도를 전달해 생산을 돕습니다. 높은 열에 의해 설탕과 버터가 녹는 현상처럼 물질의 점성도를 낮춰 줍니다. 열은 지표에서 열전도로 가열된 증기를 땅속에 주입하여 점성이 높은 석유가 흐를 수 있게 합니다. 드물게는 땅속으로 산소를 주입하여 저류층에 있는 가스와 직접 연소를 통해 열을 발생시키는 방법도 있습니다.

세 번째로 화학 에너지를 사용하는 방법입니다. 계면활성제와 알카라인과 같이 석유의 계면장력을 낮춰 줌으로써 암석

속 석유의 잔여량을 감소시키고 회수하는 데 기여하는 화학 제품을 넣습니다. 화학제는 비용이 비싸서 유전 현장에서 많이 적용되지는 않지만, 효과 면에서는 효율성을 인정받고 있습니다.

다양한 탐구와 사고를 통해 개발된 회수증진법은 물리학과 화학을 융합해 최적의 방법을 찾는 데 집중했습니다. 하나의 관점에서 땅속 석유 회수율을 높이기보다는 여러 기술을 접목해 석유의 물리적·화학적 성질을 파헤치려고 시도합니다.

물리학의 도전

많은 사람에게 소원을 물으면 "로또 1등"이라고 합니다. 많은 상금이 걸려 있지만, 당첨 확률은 8,145,060분의 1밖에 되지 않습니다. 이는 유명 방송에서 무작위로 전화를 걸어 서울 시민 중 단 1.15명에 선택될 확률과 맞먹는 수준입니다. 그런데도 이러한 확률 문제를 풀어 보려는 도전은 계속되고 있습니다. 통계학적 방법, 물리적 현상에 대한 이해에서부터 머신러닝을 이용한 학습 모델까지 동원해 800만 분의 1이라는 벽을 넘으려 노력하죠.

그러나 로또는 결국 당첨 번호를 뽑는 기계와 진행자(사람)가 발표일에 맞춰 그 기계를 작동시켜 여섯 개 숫자를 선택하는 시스템입니다. 이 과정은 완전히 확률을 기반으로 하기 때문에 아무리 노력해도 1등 번호를 정확히 예측하거나 맞히는 건 불가능에 가깝습니다. 통계학적으로 보면 무작위적인 시드 번호(Seed Number)에 따라 난수(Random Number)를 생성하는 조건입니다. 즉, 확률은 변함없이 8,145,060분의 1이라는 이야기입니다.

주식시장을 포함한 유가증권을 예측하기 위해 물리학자들은 오랜 시간 도전해 왔습니다. 작은 꽃가루가 정지 상태의 액체나 기체에서 불규칙하게 움직이는 현상을 설명하는 브라운 운동(Brownian Motion)에서 영감을 얻어 물리학은 새로운 도전을 시작했고, 오늘날에는 주가를 예측하기 위해 인공지능(AI)을 활용하기도 합니다. 그러나 지금까지 신뢰할 만한 예측 모델은 개발되지 않았습니다. 여러분이라면 과학적 접근으로 이 도전을 해 보겠습니까? 아니면 무의미한 도전이라고 생각하나요?

9 | 석유를 생산한 땅속은 어떻게 될까?

질량과 에너지 관계
물질수지 방정식
자연 현상과 이론 간의 차이

땅속에 있던 석유를 생산하면 저류층◆은 어떻게 될까요? 공극은 품고 있던 유체가 빠져나가면 진공처럼 변할까요? 눈에 보이지 않아서 더 궁금증을 불러일으킵니다. 마치 '내 방 안 공기를 모두 마셔 버리면 계속 숨을 쉴 수 있을까?' 같은 상상과 비슷합니다. 실제로 어떻게 될지 알고 싶은 호기심이 발동합니다. 풍선에 바람이 빠지면 빵빵하게 부풀어 있던 고무가 쪼그라들듯이 땅속 몇 킬로미터 아래 암석도 석유를 빼내고 나면 바람 빠진 풍선처럼 변할까요?

우리가 사용하는 천연 에너지원 중 화석 연료는 무한하지 않습니다. 과거에 생성한 석유는 유한한 공급원으로부터 탄화수소가 축적되었습니다. 그 후 오랜 시간 땅속에 묻혀 있다가 사람들이 주 에너지원으로 석유를 채택해 사용하고 있습니다. 석유는 에너지원으로 쓰이면 없어지고, 한 번 사용하면 다시 되돌릴 수 없습니다. 비가역적입니다. 자원 고갈은 언젠가 인류에게 닥칠 문제이며, 과학은 미래를 준비하며 대체 에너지를 개발하고 있습니다.

에너지는 전 세계 인구가 살아가는 데 필요한 소비량만큼 공급되어야 합니다. 우리는 머지않아 기존의 석탄 에너지가 석

화석 연료를 채굴하여 나오는 모습

유 에너지로 대체되면서 에너지 시장 점유율이 바뀐 1900년대와 비슷한 흐름에 직면할 것입니다. 이는 과학기술이 발전하면서 친환경적이고 효율성 높은 에너지 체계를 갖고자 하는 노력에서 출발합니다. 에너지 트릴레마◆라고 합니다. 우리가 사용할 에너지는 에너지 안보, 에너지 형평성, 환경 지속성까지 세 가지를 갖추어야 합니다.

땅속 환경으로 돌아와 이야기를 이어 가면 에너지 전환과 마찬가지로 암석에서도 초기에 부존한 석유가 빠져나가고 새로운 물질이 공극을 채웁니다. 과연 이러한 현상을 어떻게 묘사할 수 있을까요? 잘 알려진 에너지 보존 법칙, 질량 보존 법칙은 땅속에 매장된 석유에도 적용할 수 있을까요? 총량 관점에서 땅속에 묻혀 있는 석유가 생산되는 현상을 살펴볼게요.

땅속에서 통하는
물질수지 방정식

에너지 보존 법칙◆은 물리학을 넘어 여러 분야에서 확장 적용되는 이론입니다. 이 법칙은 하나의 에너지가 다른 에너지로 전환할 때 전후 에너지의 총량이 같다고 정의합니다. 롤러코스터는 에너지 보존 법칙을 활용한 놀이기구죠. 높은 출발 지점의 위치 에너지를 운동 에너지로 전환하

위치 에너지와 운동 에너지 전환을 설명하는 진자 운동

며 짜릿한 전율을 느끼게 합니다. 어느 지점에서 측정하든 위치 에너지와 운동 에너지의 합은 같습니다.

화학에서는 질량 보존의 법칙◆이 제안됐습니다. 화학 반응에 따라 반응물질의 질량과 생성물질의 질량이 같다는 이론입니다. 짜파구리에 밥을 비벼 먹고 나면 소화기관에서 소화액과 만나 화학 반응이 일어납니다. 그리고 체중을 측정하면 먹은 만큼 몸무게가 늘어납니다. 질량 보존의 법칙은 우리 몸속에서도 비껴가지 않습니다.

두 가지 법칙은 이후 아인슈타인에 의해 서로 연관성이 밝혀지고 질량·에너지라는 개념으로 소개됐습니다. 그는 질량과

에너지 관계를 정지 상태에서 물질의 질량(m)에 진공 속 빛의
속도(c) 제곱을 곱하면 정지 상태 에너지(E)와 같다고 정의했습
니다. 질량은 곧 에너지로 표현할 수 있다는 뜻입니다. 이 정의
는 아래와 같습니다.

$$E=mc^2$$

누구나 한 번쯤 본 적 있는 아인슈타인의 에너지를 정의하
는 공식입니다. 땅속을 이해하는 데는 학자들이 증명한 기초과
학의 기본 법칙이 필요합니다. 기본 법칙은 땅 위나 땅속에서나
변함없이 성립하기 때문입니다.

석유를 연구하던 학자들은 땅속도 질량 보존 법칙이 성립
한다는 가정에서 출발하여 물질수지♦ 방정식(Material Balance
Equation)을 도출했습니다. 이 이론은 초기 유체 또는 석유 부존
량이 저류층에서 지표로 생산된 양과 잔여 부존량의 합과 같다

물질수지 방정식의 기본 모형

는 것입니다. 한 상자에 12개가 들어 있는 초코 마카다미아 쿠키에서 2개를 먹으면 10개가 남는다는 간단한 논리와 같습니다. 물질수지 방정식은 땅속 석유를 표현하는 데 중요한 기초 이론이고, 석유가 생산되어 나오는 현상을 예측하고 묘사하는 데 다양하게 응용되는 기본적인 정의입니다.

기본 이론에서부터 시작한 물질수지는 땅속 석유를 이해하고 예측하기 위해 발전했습니다. 저류층이라는 땅속 암석 내 공극 안은 ① 최초에 존재한 석유가 생산되어 배출되면 공극 안 유체 압력이 낮아지고 ② 남은 유체 또는 공극의 부피가 변하는 양의 총 변화량은 ③ 생산된 유체량과 같다는 정의입니다. 단, 여기에는 몇 가지 가정하고 있는 내용이 있습니다.

① 물질수지는 임의의 정해진 공간(저류층)에 관한 이야기다.
② 물질수지 방정식의 각 항은 시간에 따른 변화가 아니라 특정 변수(생산량 또는 압력 등)에 따라 계산한다.

물질수지 방정식의 기본 모형은 땅속에서 생산하는 석유를 단순화하여 표현했습니다. 실제 자연 현상은 좀 더 복잡한 에너지들의 이동과 물질의 물리적·화학적 성질에 따른 변화를 담고 있습니다. 그래도 이론의 기초는 변함없이 성립하니 잘 알아 두세요.

잠들기 전에 잰 몸무게는
왜 아침이 되면 줄어들까?

질량 보존의 법칙◆이 성립한다면 화장실을 다녀온 후 배출된 무게를 빼고 나면 몸무게가 변하지 않아야 할 것 같습니다. 하지만 우리가 잠을 자는 동안에도 몸속 세포들은 쉬지 않고 활동합니다. 체온을 유지하고 산소를 공급하며 땀을 배출합니다. 그리고 음식을 분해하고 소화하면서 열에너지를 발생시키고 세포를 분열하며 에너지를 소모합니다. 이처럼 기본적인 생명 활동을 유지하기 위해 필요한 에너지의 양을 기초대사량이라 합니다. 예를 들어, 저녁에 먹은 짜파구리가 화학 반응을 통해 다양한 형태의 에너지로 전환되어 우리 몸에서 활용되는 것과 같습니다. 이는 아인슈타인의 질량-에너지 등가 원리($E=mc^2$)가 적용되는 현상이기도 합니다. 멀리 보면, 태양에서 수소가 헬륨으로 핵융합하면서 에너지를 생성하고 그 과정에서 질량이 줄어드는 화학 반응과 비슷한 원리입니다.

4부 물리학으로 들여다본 석유 에너지

들어오고 나가면, 남는 것은?

땅속 석유는 하나의 시스템을 기준으로 물질수지 방정식을 대입합니다. 땅속에서 발생하는 물질의 출입에 중점을 두어 남아 있는 석유를 찾아가는 방법입니다. 마치 동그란 구멍이 하나 뚫려 있는 사과 상자와 같습니다. 상자 안에는 몇 개의 사과가 있는지 모릅니다. 그리고 손을 넣어 하나를 빼내었다고 가정해 봅시다. 첫 번째 사과의 크기와 부피, 무게를 추정하여 상자 안에는 최대 몇 개의 사과가 남아 있는지 추측할 수 있습니다. 작은 사과라면 30~40개가 있을 수 있고, 큰 사과라면 15~30개 정도가 들어갈지 모릅니다. 여섯 번째 또는 일곱 번째 정도 사과를 꺼내다 보면 조금 더 정확하게 예측할

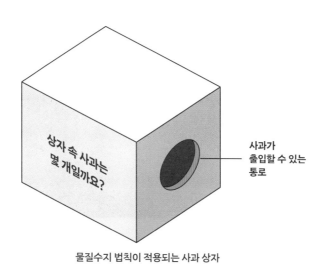

물질수지 법칙이 적용되는 사과 상자

수 있습니다. 이런 원리가 땅속 석유를 이해하기 위해 정의된 물질수지 법칙입니다.

상자는 저류층을 의미하고 사과는 석유를 뜻합니다. 상자는 물질수지를 쉽게 설명하기 위해 물리적으로 닫혀 있는 시스템으로 표현했습니다. 저류층에 매장된 석유의 환경과 유사합니다. 사과가 나가거나 들어갈 수 있는 출입구가 하나이기 때문에 그리 복잡하지 않죠? 시스템에서 사과는 빠져나가기만 할 뿐 추가로 더해지지 않습니다. 기본 정의를 설명하기에 적합한 예제입니다. 초등학교 덧셈·뺄셈 연산 시간에 배우던 사과 바구니

땅속 저류층 시스템에서 석유를 생산하기 위한 육상 시추 모습
(출처. ExxonMobil)

　　　　　　　　4부 물리학으로 들여다본 석유 에너지

가 상자로 바뀌었을 뿐 크게 다르지 않습니다. 그렇다면 실제 석유가 매장된 땅속은 어떨까요? 사과 상자보다 복잡하다는 건 누구나 알겠지만 무엇이 다른지 한번 살펴볼게요.

땅속 환경은 내부 물질에 영향을 주지 않는 상자와 다르게 온도와 압력이라는 열역학적 변수가 작용합니다. 이러한 환경은 땅속 유체의 물리적·화학적 특성을 변화시킵니다. 상자에서 빼내는 사과는 상자 안이나 밖에서 크기를 측정하더라도 똑같지만 탄화수소 혼합물인 석유 또는 천연가스는 땅속을 빠져나올 때 압력과 온도에 따라 부피가 달라집니다. 마치 상자에서 사과를 꺼냈더니 사과가 점점 커지는 현상인 셈이죠. 그렇다면 빼낸 사과가 커졌다고 생각하면 상자 안에서는 얼마나 작았는지를 계산해야 합니다. 상자 안과 밖의 다른 온도와 압력 조건에 따른 사과(석유)의 특성을 알아야 하는 거죠(3부에서 살펴본 특성입니다). 그리고 땅속은 닫혀 있는 상자와 다르게 대수층이라는 물이 저류층 경계면 아래에 존재합니다. 즉, 빼내는 사과뿐만 아니라 상자에 누군가 귤을 넣고 있는 상황이라고 볼 수 있죠. 물론 자연환경에서는 이보다 훨씬 더 복잡한 현상들이 일어납니다. 그러나 좀 더 쉽게 이해할 수 있도록 상황을 단순화해서 이야기하는 것이 자연을 이해하는 과학의 방식입니다.

물질수지는 물질의 질량 보존 법칙에서 시작하여 땅속에서 흐르는 유체에 대한 정의를 포함합니다. 이렇게 발전한 이론은 땅속 에너지를 함께 다룹니다. 다양한 힘으로 석유가 땅속에서 흐르는 현상을 설명하고, 변하는 조건에 따라 앞으로 어떻게 움직일지 알려 줍니다. 어려운 것 같지만 알고 보면 단순한 기초과학입니다.

기후 변화에 대응하기 위한
에너지 회사의 노력

기후 변화의 심각성은 더 이상 영화에서만 일어나는 소재가 아닙니다. 비현실적일 것 같던 이야기가 현실이 되어 주변에서 일어나고 있습니다. 최근 잦은 이상 기후에 따른 홍수, 가뭄, 우박, 고온 현상, 이상 한파 등은 전 세계 지도자들을 매년 한자리에 불러들여 머리를 맞대게 합니다. 바로 유엔기후변화협약 당사국총회입니다.

이에 발맞춰 석유 회사는 온실가스에서 배출되는 이산화탄소(CO_2)를 모아서 석유를 뽑아내고 난 땅속에 주입해 가두려는 기술을 개발 중입니다. 또한 이산화탄소 주입을 통해 석유를 친환경적이고 효율적으로 생산해 내기 위한 과학기술을 연구하고 있습니다. 탄소 포집·활용·저장(Carbon Capture

Utilization, and Storage, CCUS) 기술이라 부릅니다. 대기 중에 배출된 이산화탄소뿐 아니라 공장이나 발전소에서 나오는 이산화탄소를 제거하여 기온 상승을 억제하려는 노력입니다. 지구 열수지 측면에서 태양 복사 에너지를 받아 지구가 방출하는 지구 복사 에너지가 대기 중 온실가스에 의해 흡수나 반사되어 지구로 돌아오지 않게 하기 위함입니다. 이러한 과학의 발전은 화석 연료 사용으로 인해 발생하는 기온 상승효과를 억제하는 데 중요한 역할을 할 것입니다. 지속 가능한 미래를 위해 석유 회사가 이끌어 가야 할 사회적 책임입니다.

화석 연료를 대체할
다음 세대 에너지

에너지 시장은 증가하는 인구수만큼 수요량도 함께 늘어납니다. 에너지를 사용하는 소비자가 사람이니까요. 1인당 에너지 소비는 감소 추세 없이 연간 평균 약 +1.6%씩 계속 증가할 것으로 예측해요. 반면에 이를 충족해 줄 수 있는 에너지 밀도가 높은 에너지원에 대한 개발과 보급은 아직 잰걸음 중입니다. 이러한 상황에서 화석 연료 공급이 중단된다면 에너지 안보에 치명적인 영향을 받을 나라는 불을 보듯 뻔합니다. 바로 에너지 빈국과 경제적 약소국입니다.

화석 연료 사용으로 인한 기후 변화는 인류가 직면한 가장 큰 고민거리이자 해결해야 할 사안입니다. 전 세계가 겪고 있는 지구 열대화는 화석 연료에서 청정에너지로 전환해야 하는 이유입니다. 이는 어느 한쪽을 양보하면 다른 한쪽이 혜택을 보겠지만 어느 하나 쉽게 선택할 수 없는 문제입니다. 이러한 고민은 우리가 배운 과학으로 해결할 수 있습니다.

해결책 중 선두 주자에 서 있는 신재생 에너지는 이산화탄소를 배출하지 않는 청정에너지입니다. 태양, 바람, 물, 지열처럼 인류가 사용해도 사라지지 않는 무한한 자원에서 얻어지죠. 이를 이용한 에너지 생성 기술은 석유 에너지의 역사만큼이나 오래되었습니다. 1958년 미국에서 발사한 위성(Vanguard)은 최초로 태양전지를 탑재했고, 1993년 대전 엑스포에서 선보였던 전기자동차는 태양전지를 차량에 부착하고 달렸습니다. 하지만 이렇게 긴 역사에도 불구하고, 오늘날 전체 에너지 수급에서 신재생 에너지가 차지하는 비율은 여전히 높지 않습니다.

국내는 신재생 에너지가 약 5%를 공급(2024년 기준)하고 있고, 전 세계 에너지 시장에서는 약 10%를 차지하고 있습니다. 왜 시장 점유율이 낮을까요? 개별 에너지의 경제성 때문입니다. 경제성은 투자비 대비 에너지의 안정적인 생산성을 의미합니다. 신재생 에너지는 초기에 시설 건설과 토지 임차에 많은 비용이 들어가는 데 반해 안정적이고 높은 에너지 밀도를 나타내지 못합니다. 그러나 과학기술의 발전은 이러한 경제적 차이를 극복할 수 있게 도와주는데, 그로 인해 동일 전력을 생산하는 데 투자하는 비용이 점진적으로 줄어들고 있습니다.

탄소 중립을 위한 청정에너지로 에너지 시스템 전환

탄소 집약도가 낮은 탈화석 연료로 가는 길에서 수소 에너지와 연료 전지는 핵심적인 중재자 역할을 합니다. 이는 신에너지라는 정의에 포함하는 기술로 신재생 에너지라는 어원을 탄생시킨 에너지원입니다. 수소는 자연적으로 발생되었거나 수전해 장치에서 발생하는 전기를 이용해 물($2H_2O$)에서 수소($2H_2$)와 산소(O_2)를 분해해 생산합니다. 이렇게 만든 수소는 바로 태워서 열에너지를 일으키거나 연료 전지에 저장한 뒤 공기 중 산소와 반응시켜 다시 전기를 만들 수 있어요. 수소($2H_2$)와 산소(O_2)가 화학 반응하여 물($2H_2O$)과 전기를 생성하는 원리입니다. 전기 에너지가 화학 에너지로, 다시 화학 에너지가 전기 에너지로 전환하는 형식입니다. 수소는 이산화탄소와 화학 반응을 일으켜

4부 물리학으로 들여다본 석유 에너지

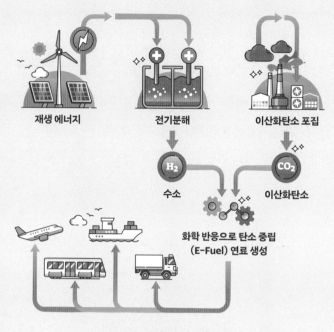

재생 에너지 　전기분해 　이산화탄소 포집

H₂ 수소 　CO₂ 이산화탄소

화학 반응으로 탄소 중립
(E-Fuel) 연료 생성

수소 에너지를 통한 탄소 중립 연료

인공석유라 불리는 탄소 중립 연료를 만들 수 있습니다. 이처럼 수소는 다양한 방식으로 활용될 수 있는 만능 에너지원입니다.

　우리가 에너지원으로 사용할 수소는 아래와 같이 생산 방법에 따라 몇 가지로 나뉩니다.

① 그레이수소(Grey Hydrogen)는 천연가스에서 분리하여 생산한 수소다.

② 블루수소(Blue Hydrogen)는 그레이수소의 한계를 보완한 수소로, 천연가스에서 분리해 만든 수소이지만 분리 공정 중 배출되는 이산화탄소를 포집하여 온실가스 발생을 막는다.

③ 그린수소(Green Hydrogen)는 재생 에너지에서 생성한 전력을 이용하여 물의 전기분해로 생산하는 수소다.

④ 화이트수소(White 또는 Native Hydrogen)는 땅속 암석에서 자연적으로 발생한 수소, 자연수소라고도 부른다.

이외에 산업 공정에서 발생하는 부생수소와 다른 에너지원을 통해 생성한 전력으로 물을 분해하여 발생한 수소인 옐로수소(Yellow Hydrogen)도 있습니다. 이처럼 수소는 다양하게 생성됩니다. 과학자들은 이산화탄소를 배출하지 않는 방식인 청정 수소를 경제성 있게 생산하기 위해 기술을 개발하고 있습니다.

가까운 미래에 수소 연료 전지는 재생 에너지의 가장 큰 고민거리인 에너지 생성의 변동성을 해결할 수 있는 중추적인 역할을 맡을 것입니다. 인간이 조절할 수 없는 낮과 밤, 밀물과 썰물, 바람의 세기 등 환경의 변화에 따른 에너지 생산량을 수소 에너지로 보관하여 필요에 따라 사용할 수 있게 도울 것입니다. 물론 기체 상태 수소는 끓는점이 영하 253℃라는 특성 때문에 높은 기술력과 투자가 필요한 고밀도·극저온 상태로 보관하고 운송해야 해서 어려움이 있습니다. 고압으로 압축해도 기체 상태에서는 낮은 에너지 밀도를 넘어설 수 없습니다. 현재는 이를 극복하기 위해 경제성 있게 수소를 액화할 수 있는 다양한 기술이 개발되고 있는 시점입니다. 영하 33℃ 이하 저온에서 액화하는 암모니아(NH_3)가 대표적인 수소의 운반 매개체로 주목받고 있습니다. 발전하는 과학기술에 힘입어 가까운 미래에는 수소 에너지 산업이 빠르게 성장하면서 발전소 연료로 활용될 뿐만 아니라 여러 부문에서 청정 재생 에너지의 시장 점유율을 높일 것으로 기대됩니다. 또한 수소를 연료로 사용하는 자동차 보급률도 증가할 것입니다.

과학이 들려준 석유 에너지
생각해 보기

마술은 과학이 발전하지 않았던 시대에 많은 사람의 눈과 생각을 현혹했습니다. 설명하기 힘든 현상에 대해 마술사는 관객들이 눈치채지 못하도록 원리를 익히고, 무대 위 천막 뒤에 보조원과 비둘기, 장미꽃, 똑같은 여러 장의 카드 등을 숨겨 놓고 활용했지요. 시각적으로 보이는 장면에 대해서만 단편적으로 받아들였던 시대에는 마술의 원리를 이해하기 어려웠습니다. 과학적 현상에 대한 원리와 이론이 대중화되지 않았기 때문입니다. 그렇다면 여러분은 오늘날 무대 앞에 선보이는 마술사의 공연을 보며 놀라지 않을 수 있을까요?

현대 마술은 더욱 발전된 과학기술과 접목했습니다. 마술사의 손동작은 예나 지금이나 빠르고 현란하게 움직이지만 그들이 선사하는 무대는 현대 과학의 복잡한 기술을 도입하여 관객의 눈을 또다시 혼란에 빠지게 합니다. 하지만 우리는 이제 그 이면을 살펴보려 합니다. 유리의 반사각은 미리 준비해 놓은 물체를 보여 준다는 사실, 입으로 불을 끄는 건 연소 조건 중 하나를 제거한다는 사실, 고리 하나가 미리 절단된 사슬을 풀고 나간다는 사실 등 고전적인 마술의 눈속임을 풀어냈습니다. 나아가 인공지능이 탑재된 로봇은 신호에 따라 움직이는 눈속임도 파헤치려 합니다. 마술 속 과학은 신기하고 재미난 영역이기 때문입니다.

과학은 더 이상 단순한 기술을 반복적으로 생산하기 위해 발전하지 않습니다. 우리가 살아가는 삶의 구석구석에 편리함과 어제보다 발전한 새로운 세계를 만들어 줍니다. 한 번도 상상해 보지 못했던 일들이 일어날 때도 있습니다. 과학을 사랑하는 독자의 상상력과 창의력이 이끌어 주는 작은 아이디어가 신비한 발명품을 창조합니다. 그리고 전 세계의 에너지 시장에 30% 이상 점유하는 주 에너지원인 석유는 이러한 과학이 만들어 준 시스템을 구동하는 동력원입니다. 수억에서 수천만 년 전 퇴적한 유기물이 만들어 낸 석유 에너지는 과거 과학 발전의 토대가 되었듯이 앞으로도 수십 년간 미래를 이끄는 원동력으로 사용될 것입니다.

탄화수소 혼합물이 매장되어 있는 땅속 모습을 그려 보세요

땅속에 퇴적된 유기물질은 열적 성숙 작용을 받아 탄화수소를 생성했습니다. 심도가 얕은 퇴적층에 쌓인 유기물은 지열의 영향으로 탄소 원자가 풍부한 액체 상태의 석유로 변했습니다. 반면 시간이 더 흐르고 심도가 깊은 지층에 묻힌 유기물은 높은 온도 때문에 가스 형태로 생성되었죠. 이렇게 형성된 탄화수소 혼합물은 지하 깊은 곳에서 시작해 주변 물과의 밀도 차이로 인해 점차 상부 지층으로 이동했습니다. 그러다 배사 구조 같은 저류층에 갇히며 쌓이게 되었습니다. 훗날, 이러한 땅속 역사를 알 수 없던 석유 회사는 시추라는 작업을 통해 석유가 매장되어 있는 지층을 탐사하여 석유, 천연가스, 물이 채워져 있는 모습을 발견했습니다. 과연 그들이 찾아낸 탄화수소 혼합물은 어떤 모습을 하고 있을지 땅속에 모여 있는 형상을 그려 보세요.

땅속은 지금 어떤 모습일까요?

모범답안 확인 ▶

압력에 따라 변하는
탄화수소 상태를 상상해 보세요

알케인 계열 탄화수소 화합물인 펜테인(C_5H_{12})은 대기 중에서 액체 상태입니다. 대기압에서 끓는점이 36.074℃이다 보니, 상온 조건에서 기화하지 않습니다. 하지만 펜테인이 땅속에 있을 때는 어떤 상태인지 궁금합니다. 그래서 찾아보니 한국의 동해 앞바다에서 생산한 펜테인은 땅속 2.3킬로미터에 매장되어 있었습니다. 저류층 유체 압력은 3,500psi이며, 온도는 105℃라고 합니다.

동해 가스전에는 펜테인뿐만 아니라 알케인 계열 탄화수소 메테인, 에테인, 프로페인, 부테인 성분이 균일하게 혼합된 가스 상태를 보입니다. 그렇다면 땅속에 모여 있는 펜테인 가스가 땅 위로 생산되면서 어떻게 액화될 수 있는지 이야기해 보세요.

탄화수소의 상태는 어떻게 변할까요?

모범답안 확인 ▶▶

지하 1킬로미터 아래에는 상부에 가스층과 아래 석유층이 함께 존재하는 탄화수소 혼합물이 있습니다. '석유야 놀자'라는 회사는 땅속에 매장되어 있는 석유를 먼저 생산하고 나중에 가스를 생산하려고 합니다. 그런데 저류층에 존재하는 에너지원은 석유와 가스를 각각 생산할 때 어떻게 작용하는지 알고 싶습니다. 그래야 많은 석유를 땅 위로 끌어 올릴 수 있다고 믿기 때문이죠. 여러분이 알고 있는 땅속 에너지원에는 무엇이 있을까요? 그중에서 석유를 생산할 때 가장 높은 에너지를 공급해 주는 순서대로 나열해 보세요.

땅속 에너지원에 무엇이 있을까요?

모범답안 확인 ▶ ▶ ▶

모범 답안

▶

힌트

2부 3장 '누가 더 빠를까?', 3부 7장 '땅속을 지배하는 에너지'에서 찾아볼 수 있습니다.

....

정답

천연가스, 액체 석유, 물 순서로 위에서부터 배사 구조 저류층에 집적

....

해설

탄화수소가 생성된 시간적 순서를 생각해 보면 액체 석유, 기체 천연가스 순입니다. ① 지하수가 채워져 있던 땅속 암석은 밀도가 낮은 석유가 물 위로 이동하면서 암석의 공극을 채우고 있던 물을 아래로 밀어냅니다. ② 가스는 물을 통과하여 액체 석유가 있던 암석을 채우며 밀어냅니다. 땅속 배사 구조 형태의 저류층은 위에서부터 천연가스, 액체 석유, 물 순서대로 층을 이룹니다. 석유의 집적 원리는 유리컵을 이용해 간단히 실험해 볼 수 있습니다. 유리컵을 물이 채워진 욕조나 양동이에 뒤집어서 세워 봅니다. 유리컵 안은 물로 가득 채워 놓습니다. 스포이트에 식용유(기름)를 담아 유리컵 아래에서 식용유를 배출하면 유리컵 안으로 들어가는 모습을 관찰할 수 있습니다. 다음으로 스포이트로

공기를 넣어 주면 유리컵 안에 물만 있던 처음 모습이 어떻게 변했는지 확인할 수 있습니다. 물질의 밀도차에 의해 유리컵 안은 위에서부터 밀도가 낮은 공기, 기름, 물 순서대로 채워집니다. 땅속에서 일어나는 자연 현상과 같습니다.

▶▶

힌트 3부 5장 '석유에서 나오는 가스', 3부 6장 '천연가스는 이상기체일까?'에서 찾아볼 수 있습니다.

∙∙

정답 열역학 조건인 온도와 압력이 땅속에서 대기로 올라오며 낮아지면서 기체에서 액체로 상태 변화

∙∙

해설 물질의 상태를 정의하는 주요한 과학적 조건은 온도와 압력이라는 열역학적 변수입니다. 물이 100℃에서 기체 수증기로 상태가 변하는 현상처럼 천연가스를 이루는 펜테인 성분도 온도와 압력에 따라 상태가 달라집니다. 천연가스는 땅속에서 가벼운 물질의 탄화수소가 혼합한 기체 상태입니다. 메테인, 에테인, 프로페인이 90% 이상을 차지합니다. 지열과 압력이 달라서 땅속은 땅위와 다른 환경입니다.

천연가스는 땅 위로 나오면서 생산시설물을 거칩니다. 그 과정에서 온도와 압력이 낮아집니다. 땅속에서 기체 상태였던 탄화

수소 혼합물 중 무거운 탄화수소 화합물은 액화하면서 상태 변화가 일어납니다. 펜테인은 온도와 압력이 변하면서 액화됩니다. 가스와 함께 생산하는 펜테인을 포함한 액체 상태 탄화수소를 컨덴세이트◆(초경질유/초경질원유)라고 부릅니다. 이는 탄화수소로 이루어진 연노란색 석유를 의미합니다.

▶ ▶ ▶

힌트 4부 7장 '자연이 만들어 준 에너지', '땅속에서 석유를 밀어내는 물이 있다.', '땅속에 보이지 않는 에너지', '에너지 많은 친구, 가스'에서 찾아볼 수 있습니다.

· ·

정답 ① 가스층 에너지, ② 대수층 에너지, ③ 유체 팽창 에너지, ④ 치밀화 작용에 의한 에너지 순서

· ·

해설 자연에서 발생하는 에너지는 석유를 생산하는 데 중요한 역할을 합니다. 땅속에 자연이 만들어 준 에너지가 없었다면 아마도 오늘날처럼 많은 석유 에너지를 생산하고, 사용하지 못했을지 모릅니다. 한껏 흔들어서 연 콜라 캔이 분수처럼 뿜어져 나오듯 땅속에 가해진 압력과 열에너지 덕분에 석유를 생산할 수 있습니다. 에너지는 다양한 형태로 존재합니다. 가스가 압력이 낮아지며 갖는 팽창 에너지부터 석유가 모여 있는 지층을 둘러싼 대수

층 에너지, 물질의 상태 변화에서 갖는 에너지, 압력에 따라 물질의 부피 변화로 만들어지는 에너지까지 그 종류는 참 다양합니다. 마치 여러 친구가 그네를 함께 밀어 줄 때처럼 땅속 석유 자원이 지표까지 올라오도록 도와주는 역할을 합니다.

이 에너지의 크기가 정확히 어느 정도라고 단정 짓기는 어렵습니다. 땅속 깊은 곳에 있다 보니 정확한 양을 측정하기 힘들고, 대략적으로 추정할 뿐입니다. 자연환경은 워낙 변수가 많기 때문이죠. 일반적인 지구과학 정보로 보면 평균적인 상황을 이야기할 수 있는데, 특히 대수층이 유난히 거대한 유전의 경우에는 대수층이 가장 높은 에너지를 공급한다고 알려져 있습니다.

용어 풀이와 찾아보기

✚ 용어와 원어를 살펴서 개념을 이해하길 바랍니다. 정의를 풀이한 용어는 본
  문에서 '용어◆'로 표시해 뒀고, 찾아보기에서는 해당 페이지를 볼드체로 표
  시했어요.

ㄱ

240

- **들어가며 | 과학 안에서 석유 관찰하기**
1. 산업통상자원부, 2023, 제10차 전력수급기본계획(2022~2036)
2. 울산상공회의소, 2024, 울산 산업 역사 이야기

- **1부 | 생명과학으로 풀어낸 석유 에너지**
Green, T., Renne, P. R., Keller, C. B., 2022, Continental flood basalts drive Phanerozoic extinctions, PNAS, doi/10.1073/pnas.2120441119

- **2부 | 지구과학으로 탐사한 석유 에너지**
1. 권혁재, 2010, 《지형학》(제4판), 법문사
2. 이상현, 2023, 《석유야 놀자: 탐사에서 생산까지 궁금했던 이야기》, 박영사
3. 크뤼천 P. 외 12명, 2022, 《인류세와 기후위기의 대가속》, 한울아카데미
4. Petroleum Resources Management System (revised June 2018), Society of Petroleum Engineers
5. [기고] ○○○, 2023-07-06 17:06:33 수정, 〈신소재경제신문〉

- **3부 | 화학으로 탐구한 석유 에너지**

1. 강주명, 2009,《석유공학개론》, 서울대학교출판부
2. 김찬중, 2004,《길잡이 열역학입문》, 문운당
3. U.S. Energy Information Administration (EIA), website: www.eia.gov

- **4부 | 물리학으로 들여다본 석유 에너지**

1. 정재승, 2020,《정재승의 과학콘서트》, 어크로스
2. Dake. L. P., 2006, Fundamentals of Reservoir Engineering, Elsevier
3. Fetter, C.W., (손호웅 외 11명 옮김), 2003,《지하수학》, 시그마프레스
4. Sanghyun, L., and Stephen, K., D., 2018, Optimizing Automatic History Matching for Field Application Using Genetic Algorithm and Particle Swarm Optimization, OTC-28401-MS, presented at the OTC Asia
5. Reservoir Engineering, 2015, Heriot-Watt University

- **에너지 인사이트**
1. 베르나르 라퐁슈, (김성희 옮김), 2013, 《에너지 미래학》, 알마
2. 산업통상자원부, 2025, 제11차 전력수급기본계획 주요 내용
3. 이민환 외 2명, 2022, 《수소경제: 2050 탄소배출제로, 수소가 답이다》, 맥스미디어
4. 에너지경제연구원, 2023 자주찾는 에너지통계
5. 에너지경제연구원, 2023 중기 에너지수요전망(2022~2027)
6. BP, 2024, Energy Outlook 2024 edition
7. NOAA National Centers for Environmental Information, 2023, Monthly Global Climate Report for April 2023
8. U.S. Energy Information Administration (EIA), 2023 Reserves & 2023 Annual Production
9. International Energy Agency, 2023, World Encrgy Outlook 2023

- **AI 그림**

마이크로소프트 Copilot, 챗GPT 3.5, Dall·E 3 버전 사용

공룡이
사라진 자리에
주유소가
생겼다

ⓒ 이상현 2025

초판 1쇄 2025년 4월 15일

지은이 이상현
펴낸이 정미화
기획편집 정미화 남은영 **디자인** pica(
펴낸곳 이케이북(주) **출판등록** 제2013-000020호
주소 서울시 관악구 신원로 35, 913호
전화 02-2038-3419 **팩스** 0505-320-1010
홈페이지 ekbook.co.kr **전자우편** ekbooks@naver.com

ISBN 979-11-86222-62-1 03400